Zum Umgang mit aquatischen Organismen

Beate Adam • Maren Schürmann
Ulrich Schwevers

Zum Umgang mit aquatischen Organismen

Versuchstierkundliche Grundlagen

Mit einem Geleitwort von Prof. Dr. Kurt Schreckenbach

Unter Mitarbeit von Stefan Gischkat und Vanessa Burmester

Springer Spektrum

Beate Adam
Kirtorf-Gleimenhain, Deutschland

Ulrich Schwevers
Kirtorf-Gleimenhain, Deutschland

Maren Schürmann
Lehrstuhl für Tierschutz und Ethologie
Universität Gießen
Gießen, Deutschland

ISBN 978-3-658-01537-4
ISBN 978-3-658-01538-1 (eBook)
DOI 10.1007/978-3-658-01538-1

Die Deutsche Nationalbibliothek verzeichnet diese Publikation in der Deutschen Nationalbibliografie; detaillierte bibliografische Daten sind im Internet über http://dnb.d-nb.de abrufbar.

Springer Spektrum

Gedruckt auf säurefreiem und chlorfrei gebleichtem Papier

Springer Spektrum ist eine Marke von Springer DE. Springer DE ist Teil der Fachverlagsgruppe Springer Science+Business Media.
www.springer-spektrum.de

Geleitwort

Mit § 20a des Grundgesetzes der Bundesrepublik Deutschland schützt der Staat „*[…] auch in Verantwortung für die künftigen Generationen die natürlichen Lebensgrundlagen und die Tiere im Rahmen der verfassungsgemäßen Ordnung durch die Gesetzgebung […].*“ Dieser ethische und rechtliche Grundsatz wird durch das Tierschutzgesetz präzisiert, wonach „*[…] aus der Verantwortung des Menschen für das Tiere als Mitgeschöpf dessen Leben und Wohlbefinden zu schützen ist.*“ Infolgedessen darf niemand einem Tier ohne vernünftigen Grund Schmerzen, Leiden und Schäden zufügen. Dies wird in der Labor- und Feldforschung beim Umgang mit höheren Wirbeltieren seit Jahren weitgehend umgesetzt. Hingegen besteht bei tierversuchsrelevanten Vorhaben mit und an aquatischen Organismen, insbesondere zehnfüßigen Krebsen, Neunaugen und Fischen Nachholbedarf. Mit Inkrafttreten der Europäischen Richtlinie 2010/63/EU zum Schutz der für wissenschaftliche Zwecke verwendeten Tiere ergeben sich wichtige Änderungen und Verbesserungen, wobei die adäquate Sachkunde der versuchsdurchführenden Personen einen Schwerpunkt bildet. Während hinsichtlich des Einsatzes landlebender Versuchstiere bereits seit langem entsprechende Aus- und Fortbildungsmöglichkeiten insbesondere für Veterinärmediziner angeboten werden, fehlten im deutschsprachigen Raum bislang spezielle versuchstierkundliche Kurse zum Erwerb der gesetzlich geforderten Zertifizierung für den tierschutzgerechten Umgang mit aquatischen Organismen.

Das vorliegende Sachbuch soll dazu beitragen, diese Lücke zu schließen und eine Basis für das, sicherlich auch aus Sicht der aquatischen Organismen berechtigte Anliegen zu schaffen, Belastungen und Schäden zu minimieren oder besser noch gänzlich zu vermeiden. Vor diesem Hintergrund werden Grundlagen für den praktischen Umgang mit aquatischen Organismen behandelt und bereits verfügbare Empfehlungen u. a. von der Tierärztlichen Vereinigung für Tierschutz e. V. (TVT), der Gesellschaft für Versuchstierkunde (GV-SOLAS) und der Federation of European Laboratory Animal Science Associations (FELASA) präzisiert und ergänzt. Die Ausführungen fußen auf umfangreichen Erkenntnissen und

Erfahrungen der Autoren, die sie in einer Vielzahl von Forschungsprojekten über und mit lebenden aquatischen Organismen gewonnen haben. Im Aufbau folgt das Buch den Anforderungen an versuchstierkundliche Kurse zum Umgang mit klassischen Labortierarten und knüpft somit inhaltlich an bewährtes Fachwissen an.

Aufgrund der übersichtlichen Gliederung, seiner prägnanten Beschreibungen sowie zahlreichen Abbildungen und Tabellen gibt das Buch eine konzentrierte Einführung in die Biologie, das Verhalten und den tierschutzgerechten Umgang mit aquatischen Tieren. Darüber hinaus ist es ein Nachschlagewerk über die in der Fischerei- und Gewässerökologie gebräuchlichsten Methoden, die tierschutzrechtlich relevante Eingriffe erfordern. Der Inhalt des Buches liefert alle wichtigen Grundlagen für Lehrveranstaltungen zum Erwerb der gesetzlich geforderten Zertifikate zur Versuchstierkunde in Hinblick auf zehnfüßige Krebse, Neunaugen und Fische.

Da es bei einem Erstlingswerk über ein derart komplexes Fachgebiet unvermeidlich ist, dass Aspekte offen bleiben, seien alle Leser aufgefordert, mit ihren Vorschlägen die Inhalte zu vervollständigen und damit zur Optimierung künftiger Auflagen des vorliegenden Buches beizutragen.

Berlin Kurt Schreckenbach

Inhaltsverzeichnis

1 Einleitung

Während die meisten Gesetze in Deutschland das Zusammenleben der Menschen untereinander regeln, schreibt das Tierschutzgesetz in Form von Geboten und Verboten vor, wie der Mensch Tiere zu halten hat und wie er mit ihnen umgehen soll. § 1 des Tierschutzgesetzes stellt dabei deutlich klar, dass „*aus der Verantwortung des Menschen für das Tier als Mitgeschöpft dessen Leben und Wohlbefinden zu schützen ist*" (TierSchG 2010). In Folge dessen darf niemand einem Tier ohne vernünftigen Grund Schmerzen, Leiden oder Schäden zufügen. In diesem Zusammenhang nehmen Versuchstiere eine besondere Position ein, da man bei ihnen unter bestimmten Voraussetzungen und zu den in § 7 TierSchG genannten Zwecken Eingriffe oder Behandlungen durchführen darf, die mit Beeinträchtigungen, Verletzungen oder dem Tod der Tiere verbunden sein können. Im Falle von Wirbeltieren, also auch Fischen und Neunaugen, unterliegen Tierversuche der Genehmigungspflicht gemäß § 8 TierSchG. Tierversuche an Cephalopoden (Kopffüßlern = Tintenfischen) und Dekapoden (zehnfüßigen Krebsen) unterliegen zwar nicht der Genehmigungspflicht, müssen jedoch bei der zuständigen Behörde angezeigt werden. In der Forschung hat man schon lange erkannt, dass im Sinne der „guten wissenschaftlichen Praxis" über die gesetzliche Verpflichtung hinaus auch eine ethische und wissenschaftliche Verantwortung des Menschen gegenüber den ihm anvertrauten Versuchstieren besteht.

Da Tiere andere Bedürfnisse und Verhaltensweisen haben als der Mensch, ist ein erster wichtiger Schritt, sich dessen bewusst zu werden und sich für die jeweiligen Tierarten spezielles Wissen in Bezug auf Verhalten, Biologie und Krankheiten anzueignen. Erst dadurch wird man in die Lage versetzt, Schmerzen, Leiden oder Schäden bei den unterschiedlichen Tierarten zu erkennen und zu verhindern oder zu minimieren. Deshalb fordert der Gesetzgeber in § 9 TierSchG, dass „*Tierversuche nur von Personen durchgeführt werden, dic die dafür erforderlichen Fachkenntnisse haben.*" Um dem nachkommen zu können, werden versuchstierkundliche Kurse für die am häufigsten verwendeten Labortierarten wie

Maus, Ratte und Kaninchen angeboten, wobei derzeit zwischen Kursen für Versuchsleiter und durchführende Personen unterschieden wird. Kurse, deren Inhalte sich nach den Empfehlungen der Gesellschaft für Versuchstierkunde (GV-SOLAS) richten, können von dieser Organisation zertifiziert werden und werden bundesweit als Sachkundenachweis anerkannt. Auf europäischer Ebene akkreditiert die Federation of European Laboratory Animal Science Association (FELASA) versuchstierkundliche Kurse, die dann auch in anderen EU-Mitgliedsstaaten Gültigkeit haben. Einige Institutionen und Universitäten bieten zwar interne Fortbildungsmaßnahmen mit ähnlichen Kursinhalten an, allerdings werden solche nicht zertifizierten Kurse meist nur von den regionalen Behörden, nicht aber in angrenzenden Bundesländern oder gar im Ausland als Sachkundenachweis akzeptiert.

Gemäß der Tierversuchsstatistik aus dem Jahr 2011 (BMELV 2012) handelt es sich bei knapp 200.000 der ca. 2,91 Millionen jährlich in Deutschland verwendeten Versuchstiere um Fische. Aquatische Organismen, von denen bislang nur die Fische statistisch erfasst werden, spielen bei Tierexperimenten somit bereits eine große Rolle und insbesondere im Bereich der Forschung mit Zebrabärblingen muss in den nächsten Jahren mit einem weiter steigenden Bedarf gerechnet werden. Ungeachtet dessen ist es aber in Deutschland derzeit kaum möglich, eine Qualifizierung für den Umgang speziell mit aquatischen Organismen zu erlangen. Insbesondere FELASA-akkreditierte oder GV-SOLAS-zertifizierte Kurse werden bislang nicht angeboten. Hierin wird ein allenthalben laxer Umgang mit aquatischen Tieren deutlich, der auf verschiedene Gründe zurückzuführen ist. Zum einen besteht häufig Unkenntnis über tierschutzrechtliche Bestimmungen sowie vor allem die Verpflichtung, sie tatsächlich auch anzuwenden bzw. umzusetzen. Zum anderen werden gerade Krebse und Fische primär als Nahrungsmittel betrachtet. Dadurch wird den nassen oder gar schleimbehafteten, „schweigsamen“ Lebewesen ein geringes emotionales Interesse entgegen gebracht; nicht selten wird ihnen gar ein Schmerzempfinden völlig abgesprochen.

Nach § 9 des TierSchG darf nur ein bestimmter Personenkreis Tierversuche, resp. Eingriffe im Geltungsbereich des Gesetzes durchführen, wobei dieser Personenkreis für operative Eingriffe sogar noch enger definiert ist. Die „Allgemeine Verwaltungsvorschrift zur Durchführung des Tierschutzgesetzes“ (TierSchVwV 2000) beschreibt die erforderlichen Qualifikationen genauer, indem allein der Nachweis einer Ausbildung oder eines abgeschlossenen Hochschulstudiums nicht ausreichend ist, sondern zusätzliche Kenntnisse beispielsweise durch Teilnahme an versuchstierkundlichen Kursen nachgewiesen werden müssen. Mangels spezifischer Lehrveranstaltungen für aquatische Organismen ist es allerdings bislang nahezu unmöglich, diese gesetzlich geforderten Zertifikate für diese Tiergruppe zu erwerben. In Konsequenz aus dieser Situation bestehen bei Tierversuchen mit Fischen, Neunaugen und auch Krebsen sowie in der fischereibiologischen und gewässerökologischen Forschung große Probleme darin, legitimiertes Personal zu finden oder ausbilden zu lassen.

Diese Situation wird sich weiter verschärfen, denn der Tierschutz in Europa unterliegt derzeit einem tief greifenden Wandel. Mit Inkrafttreten der EU-Richtlinie 2010/63/EU zum Schutz der für wissenschaftliche Zwecke verwendeten Tiere am 09. November 2010 (EUROPÄISCHES PARLAMENT & RAT DER EUROPÄISCHEN UNION 2010) haben sich für den versuchstierkundlichen Bereich in allen 27 Mitgliedsstaaten wichtige Änderungen zur Verbesserung des Schutzes von Versuchstieren ergeben, z. B. die Nachweispflicht einer adäquaten Sachkunde. Bei tierschutzrechtlich relevanten Untersuchungen mit bzw. Eingriffen an aquatischen Organismen wird es deshalb künftig kaum noch legitimierbar sein, Personal einzusetzen, das nicht speziell im Umgang mit aquatischen Tieren geschult ist oder die benötigte Sachkunde nicht nachweisen kann.

Einen Weg aus diesem Dilemma weist uns Johann Wolfgang von Goethe mit folgendem Zitat aus „Wilhelm Meisters Wanderjahre“:

> „Es ist nicht genug, zu wissen, man muss auch anwenden;
> es ist nicht genug, zu wollen, man muss auch tun.“

Vor diesem Hintergrund wird an der Justus-Liebig Universität in Gießen im Jahr 2013 erstmalig ein Kurs zum tierschutzgerechten Umgang mit aquatischen Organismen in Theorie und Praxis zum Erwerb eines Sachkundenachweises angeboten. Das vorliegende Buch bildet eine Grundlage für diese Fortbildung und ergänzt bereits verfügbare Empfehlungen (TVT 2009). Die Inhalte des Buches folgen im Aufbau den Manuskripten für versuchstierkundliche Kurse gemäß den Empfehlungen der FELASA und der GV-SOLAS, die sich mit klassischen Labortierarten befassen. Das Buch ist darüber hinaus auch als Nachschlagewerk über die vor allem in der Fischereibiologie und Gewässerökologie gebräuchlichsten, tierschutzrechtlich relevanten Methoden gedacht. Hierbei beschränken sich die Ausführungen allerdings auf im Süßwasser lebende Fische, Neunaugen und zehnfüßige Krebse. Letztere werden im Folgenden kurz als Krebse bezeichnet. Informationen über weitere, vom Gesetzgeber genannte aquatische Organismen wie Cephalopoden, finden sich u. a. bei LEWBART (2011).

2 Tierversuche mit aquatischen Organismen

Gemäß der Intention des Tierschutzgesetzes sind grundsätzlich alle Vorhaben mit und an Krebsen, Neunaugen und Fischen auf ihre tierschutzrechtliche Bedeutung hin zu überprüfen. Als Tierversuche gelten nach § 7 TierSchG (2010) alle Eingriffe und Behandlungen zu Versuchszwecken, die Schmerzen, Leiden oder Schäden verursachen können. Daneben unterliegen auch die Zucht und Hälterung von Tieren zu wissenschaftlichen Zwecken nach § 11 Abs. 1 Nr. 1 den Bestimmungen des Tierschutzgesetzes. Der Gesetzgeber unterscheidet aktuell zwischen genehmigungs- und anzeigepflichtigen Tierversuchen. Danach sind gemäß § 8 alle Eingriffe an Wirbeltieren genehmigungspflichtig, während Arbeiten an und mit Wirbellosen wie Krebsen der zuständigen Genehmigungsbehörde bislang nur angezeigt werden müssen. Mit dem Beschluss der Europäischen Richtlinie zum Schutz der für wissenschaftliche Zwecke verwendeten Tiere (EUROPÄISCHES PARLAMENT & RAT DER EUROPÄISCHEN UNION 2010) sind allerdings im Rahmen der nationalen Umsetzung in naher Zukunft Veränderungen des deutschen Tierschutzgesetzes sowie die Verabschiedung einer Tierschutz-Versuchstierverordnung zu erwarten. Eine besondere Bedeutung im europäischen Recht nimmt dann auch der Sachkundenachweis für Personen ein, die mit Versuchstieren im Experiment und in der Haltung umgehen. Auch werden künftig Züchter, Lieferanten und Verwender von Versuchstieren über eine spezielle behördliche Zulassung verfügen müssen.

Neu ist auch die Forderung nach einer konsequenten Umsetzung des so genannten „3 R-Konzepts“. Dieses beinhaltet:

- Refinement, d. h. Verbesserung tierexperimenteller Methoden mit dem Ziel, die Belastungen für die Versuchstiere zu verringern oder gänzlich zu vermeiden,
- Reduction, d. h. Ersatz von Tierversuchen durch Verfahren, die ohne Versuchstiere auskommen und
- Replacement, d. h. Optimierung tierexperimenteller Verfahren zwecks Verringerung der Anzahl der benötigten Versuchstiere.

Tierversuche an aquatischen Organismen konzentrieren sich auf bestimmte tiermedizinische, pharmazeutische und biologische Disziplinen, die nachfolgend dargestellt werden (Kap. 2.1 bis 2.5). Die klassische naturwissenschaftlich-biologische Grundlagenforschung beispielsweise an anatomischen oder physiologischen Instituten ist demgegenüber von nachrangiger Bedeutung.

2.1 Genetik

Für die biologischen Forschungsgebiete der Entwicklungsbiologie und Genetik sind Versuchtiere als Modellorganismen unverzichtbar. Vor allem in der medizinisch-pharmazeutisch ausgerichteten Molekulargenetik werden Versuchstiere in großem Umfang zur Erforschung des Einflusses und der Bedeutung der genetischen Erbinformation auf phänotypische Ausprägungen sowie nicht sichtbare physiologische Eigenschaften eingesetzt. Auch die Ursache und Diagnose von Erbkrankheiten sowie ihre Behandlung werden in diesem Kontext erforscht.

Damit Versuchstiere diesen Forschungszielen gerecht werden, müssen sie spezielle Anforderungen erfüllen, die eine Übertragung der gewonnenen Erkenntnisse auf andere Organismengruppen, insbesondere auf den Menschen erlauben. So brachten zwar die Untersuchungen an Hunderten mutanten Linien der Fruchtfliege *Drosophila melanogaster* oder des Nematoden *Caenorhabditis elegans* wichtige grundsätzliche Einblicke in genetische Mechanismen, doch ist die Übertragung dieser Ergebnisse auf Wirbeltiere und damit auch auf den Menschen letztlich nicht möglich. Vielmehr hat sich gezeigt, dass sich entwicklungsbiologische und auch genetische Prozesse bei Wirbeltieren nur an Wirbeltieren selbst studieren lassen, die bezüglich Bauplan und Eigenschaften vergleichbar sind. Dazu zählt eine Chorda dorsalis als embryonal-larvale oder zeitlebens vorhandene Zentralstruktur des Achsenskeletts, ein ektodermales Neuralrohr, ein Kiemendarm sowie ein geschlossenes Blutgefäßsystem mit Herz, Leber und Bauchspeicheldrüse. Daneben wird ein Modellorganismus benötigt, der eine methodisch möglichst einfache Veränderung seines Erbgutes (Mutagenese) erlaubt, d. h. genetisch manipulierbar ist. Die daraus resultierenden Mutanten dienen in der Forschung als so genannte genetische Marker und lassen aus der Veränderung von

Physiologie, Verhalten und Entwicklung Rückschlüsse auf die Wirkweise und Bedeutung bestimmter Gene zu.

Allein auf Grund der Vielzahl der Gene, über die ein Organismus verfügt, sowie der Unzahl von unzähligen möglichen Wirkungen und Wechselwirkungen, ergibt sich ein enormer Bedarf an Versuchstieren, um allein einzelne Fragestellungen untersuchen zu können. Deshalb sind der Raum- und Zeitbedarf für die Haltung und Entwicklung der Tiere von zentraler Bedeutung für die Eignung einer Art als Versuchstier.

Zunehmend werden Fische als Modellorganismen eingesetzt, weil sie eine große Anzahl von Nachkommen haben und die Embryonalentwicklung vollständig außerhalb des Mutterleibes stattfindet. Besonders geeignet sind kleinwüchsige Arten mit einem sehr kurzen Generationswechsel, da sie nur einen geringen Platzbedarf haben, so dass der Aufwand für Hälterung und Pflege im Vergleich zu Kleinsäugern wie der Maus bedeutend geringer ist. Weil er alle diese Anforderungen in optimaler Weise erfüllt, avancierte in der vergangenen Dekade der oft auch als Zebrafisch bezeichnete Zebrabärbling (Abb. 1) neben bzw. anstelle der Dickköpfigen Elritze, der Regenbogenforelle und der Orfe mit ihrer als Goldorfe bezeichneten Farbvarietät, zum meist eingesetzten aquatischen Versuchstier in Europa.

Abbildung 1: Zebrabärbling, männlich

Die maximal 5 Zentimeter langen Zebrabärblinge sind Schwarmfische, wobei die äußerlich deutlich von den Männchen unterscheidbaren Weibchen bereits 100 bis 120 Tage nach dem Schlupf die Geschlechtsreife erlangen und im Abstand von drei bis fünf Tagen bis zu 300 Eier ablaichen können. Als besonders vorteilhaft erweist sich beim Zebrabärbling, dass sich die Eier dieser Art innerhalb von drei bis vier Tagen zur schlupfreifen Fischlarve entwickeln, und dass die Ontogenese des Embryos aufgrund der transparenten Eihülle direkt in einer Petrischale unter dem Mikroskop verfolgt werden kann. Die Embryonen sind so groß, dass einzelne Zellen und ganze Zellverbände entnommen und transplantiert werden können. Forschungen über die embryonale Entwicklung sind im Falle des Zebrabärblings folglich wesentlich einfacher durchzuführen, als beispielsweise an Mäusen, bei denen für vergleichbare Untersuchungen zu verschiedenen Zeitpunkten Muttertiere mit ihren Embryonen getötet werden müssten. Somit bietet der Einsatz des Zebrabärblings auch unter den Gesichtspunkten des Tierschutzes Vorteile.

Die herausragende Bedeutung des Zebrabärblings in der Entwicklungsbiologie und Genetik belegt das seit 2010 laufende Projekt „ZF-Health - Zebra fish Regulomics for Human Health“ der Europäischen Kommission unter Koordination des Karlsruher Instituts für Technologie (www.zf-health.org). Ziel dieses Gemeinschaftsprojekts ist es, mit an diesem Modellorganismus gewonnen Erkenntnissen über die Entwicklung der Wirbeltiere einen biomedizinischen Fortschritt im Bereich humaner Erbkrankheiten zu erzielen. So erhoffen sich Demenzforscher beispielsweise neue Erkenntnisse oder Behandlungsmethoden für neuronale Erkrankungen, da der Zebrabärbling eine besondere Fähigkeit zur Regeneration gestörter oder defekter Nerven besitzt. Im Bereich der Krebsforschung wird zudem das Streuverhalten von Krebszellen intensiv untersucht. Dabei hilft vor allem eine spezielle Form des Zebrabärblings, die durch Kreuzung zweier genetisch veränderter Stämme die Pigmentierung verloren hat, so dass eine direkte Beobachtung des Zellwachstums am lebenden Organismus möglich ist.

2.2 Ökotoxikologie

In der Ökotoxikologie werden die Wechselwirkungen zwischen Chemikalien, vor allem anthropogen hergestellten Schadstoffen (Xenobiotika), aber auch natürlichen Toxinen mit der belebten Umwelt untersucht. Ziel dabei ist es, an Modellorganismen die Wirkung sowie die Wirkkonzentrationen dieser Stoffe zu ermitteln (GUNKEL 1994). Auf diesem Forschungsgebiet werden Versuchstiere seit langem in normierten Toxizitätstests eingesetzt um die physikalisch-chemischen Eigenschaften einer Substanz, ihre Akkumulation und ihren Abbau zu untersuchen sowie die Effekte auf biologische Systeme, insbesondere die menschliche Gesundheit zu prüfen. Hinsichtlich der Wirkkonzentrationen von Substanzen geben einschlägige Richtlinien rechtsverbindliche Grenzwerte an, nach denen die Toxizität klassifiziert wird (OECD 1981). Unterdessen hat die Europäische Union diese Richtlinien aufgenommen und zum Schutz von Mensch und Umwelt eine weitreichende Chemikalienverordnung unter der Bezeichnung REACH (= Registration, Evaluation, Authorisation and Restriction of Chemicals) erlassen (EUROPÄISCHE UNION 2007). Dieses Mantelgesetz basiert auf dem Grundsatz der Eigenverantwortung von Herstellern, Händlern und Transporteuren, die gemäß dem Vorsorgeprinzip die Beurteilung des Umweltrisikos resp. der Umweltverträglichkeit von neuen Substanzen und herkömmlichen Chemikalien selber vorlegen müssen. Dieser Prüfungsauftrag umfasst auch Altstoffe, die mehr als 99 % der bisher in die Umwelt gelangten Substanzen ausmachen. Als EU-Verordnung ist die Mantelverordnung in den Mitgliedstaaten wie auch in Deutschland unmittelbar geltendes Recht, muss allerdings noch in den nationalen Gesetzen wie dem Abwasserabgabengesetz verankert werden. Gemäß REACH ist eine valide Beurteilung des ökotoxikologischen Wirkpotenzials einer Chemikalie oder von Umweltproben nunmehr durch Kombination verschiedener, standardisierter und nach DIN-Vorschriften genormter Testverfahren auf biochemischer bzw. molekularbiologischer Ebene sowie anhand ausgewählter Testorganismen möglich. Hierbei kommen Toxizitätstests mit Wasserflöhen (Daphnien) und vor allem mit Zebrabärblingen zum Einsatz, um das Ausbreitungs-, Akkumulations- und Abbauverhalten chemischer Substanzen zu ermitteln. Auch die Bewertung des toxischen Potenzials einer Substanz in Gewässern, z. B. zur Festlegung der Wassergefährdungsklasse erfolgt auf der Basis solcher Toxizitätstests:

- Als eines der ersten Testverfahren für Xenobiotika wurde die akute Fischtoxizität anhand der tödlichen Wirkung einer Testsubstanz auf Jungfische bestimmt. Als Maß für die akute Toxizität galt der LD_{50}-Wert: Dieser entspricht der Konzentration einer Chemikalie im Wasser nach einmaliger bzw. kurzzeitiger Verabreichung, bei der innerhalb eines bestimmten Zeitraums 50 % der Versuchsfische sterben.
- Chronische Wirkweisen von Chemikalien auf Fische werden mit dem umfassenderen Life Cycle Test (kurz: LCT) getestet, bei dem die Wirkung einer chemischen Substanz über zumindest eine Generation des Testorganismus untersucht wird. Der LCT betrachtet dabei vor allem die Fertilität der Elterntiere, deren Fortpflanzungserfolg sowie die Qualität der Nachkommen (OECD 1992).
- Zur Minimierung des Verbrauchs von Fischen, wird zunehmend der Zebrabärbling-Embryotest eingesetzt. Dieser Fish Early Life Stage Test (kurz: FELS) ermöglicht die Bestimmung von schädlichen Wirkungen, noch bevor der Testorganismus die zur Wahrnehmung von Schmerzen erforderlichen Strukturen wie das Zentralnervensystem, die Haut oder periphere Sinnesorgane ausgebildet hat. Auf Grund der besonders empfindlichen Reaktion der frühen Entwicklungsstadien von Fischen gegenüber Belastungen durch Xenobiotika werden hierbei verschiedene Embryonalstadien, Dottersacklarven und freischwimmende Larven des Zebrabärblings auf Veränderungen in ihrer Entwicklung hin untersucht (McKIM 1985, WESTERNHAGEN 1988).
- Vor dem Hintergrund ethischer Bedenken gegenüber der Forschung an Embryonen, wurde im Jahr 2004 der so genannte DIN-Fischeitest gesetzlich eingeführt, bei dem die Wirkweisen von Xenobiotika auf befruchtete Fischeier in Hinblick auf die Schlupfrate sowie Deformationen, Mortalität und Wachstum der geschlüpften Larven untersucht werden (DIN 38415-6).

2.3 Verhaltensbiologie und Sinnesphysiologie

Das Verhalten von Tieren ist der komplexe Ausdruck einerseits von ererbten sowie andererseits von erfahrungsbedingten, also erlernten Lebensäußerungen, die maßgeblich durch die Umwelt sowie die Sinnesleistungen des Tieres beeinflusst werden. Vor allem in der Biologie wird das Verhalten von Tieren (Ethologie) sowie die Funktion und Empfindlichkeit ihrer Sinnesorgane (Sinnesphysiologie) mit dem Ziel erforscht, ihre Verhaltensäußerungen zu verstehen. Im Rahmen zumeist langwieriger verhaltensbiologischer Studien mit aquatischen Tieren werden Einzelindividuen oder Gruppen gleicher oder gemischter Artzusammensetzung unter konditionierten Bedingungen in einsehbare kleine, wie auch großskalige Aquarien oder durchströmte Gerinne gesetzt. Sodann werden den Tieren einzelne Reize verabreicht oder ihre Umweltbedingungen gezielt verändert, um ihre Reaktionen wie Flucht oder Neugier auf die gegebene Situation zu untersuchen. Die für solche Forschungen benötigten Versuchstiere werden ihrem natürlichen Lebensraum entnommen, weshalb nicht auszuschließen ist, dass sie durch die Handhabung und Durchführung der Tests gestresst werden. Deshalb fallen Verhaltensbeobachtungen mit aquatischen Organismen selbst dann unter die Bestimmungen des Tierschutzgesetzes, wenn den Tieren keine Leiden oder Schmerzen in Folge von Eingriffen zugefügt werden.

Eine neue transdisziplinäre Richtung der Verhaltensforschung stellt die Ethohydraulik dar, mit der Erkenntnisse über die Verträglichkeit wasserbaulicher Bauwerke oder flussbaulicher Maßnahmen gegenüber aquatischen Organismen erarbeitet werden, die sich in Felduntersuchungen nicht oder allenfalls mit enormem technischen Aufwand gewinnen ließen. Die Ethohydraulik wird darüber hinaus für die Entwicklung und Optimierung von Anlagen genutzt, die fisch- oder gewässerökologischen Zwecken dienen sollen, z. B. Fischaufstiegsanlagen, Fischschutz- und Fischabstiegsanlagen. Stets gilt es dabei, aus dem Gesamtrepertoire der artspezifischen Verhaltensweisen (Ethogramm) jene reproduzierbaren Reaktionen und Verhaltensmuster zu identifizieren, die als Antworten der Tiere auf die jeweils gebotene konstruktive/hydraulische Situation zu verstehen sind. In einem weiteren Schritt werden dann die ursächlich für die jeweilige Reaktion verantwortlichen Parameter identifiziert und ihre Werte gemessen. Auf diese Weise lassen sich Regeln und Grenzwerte für die

Abbildung 2: 30 m langes, 2 m breites, 1,2 m hohes und beidseitig verglastes wasserbauliches Modellgerinne der Universität Darmstadt, das ideal geeignet ist für Verhaltensbeobachtungen mit aquatischen Organismen unter Strömungsbedingungen

wasserbauliche Praxis ableiten, um die Bedürfnisse der aquatischen Fauna besser berücksichtigen zu können (ADAM & LEHMANN 2011). Von besonderer Bedeutung sind hierbei hydraulische Parameter wie Fließgeschwindigkeit und Turbulenzgrad, weshalb ethohydraulische Untersuchungen in der Regel in durchströmten wasserbaulichen Modellgerinnen durchgeführt werden (Abb. 2).

Für die Durchführung ethohydraulischer Untersuchungen (Abb. 3 und 4) werden aquatische Tiere benötigt, die aus natürlichen Gewässern stammen; unter Laborbedingungen aufgezogene oder gar genetisch veränderte Tiere sind für solche Studien ungeeignet, da von ihnen nicht dieselben Verhaltensreaktionen zu erwarten sind, wie von freilebenden Artgenossen.

Abbildung 3: Stromabwärts schwimmender Gemischtartenschwarm in einem Modellgerinne

Abbildung 4: Wollhandkrabbe im ethohydraulischen Test

Bei der Durchführung ethohydraulischer Tests ist dafür zu sorgen, dass die Versuchstiere nicht geschädigt oder verletzt werden. Dies erfolgt z. B. durch Installation ausreichend feiner Schutzgitter, um die Tiere daran zu hindern, aus dem Modellgerinne in das Wasserreservoire oder die Pumpen zu geraten, die die Strömung erzeugen. Darüber hinaus ist z. B. bei Tests zur Ermittlung von Schädigungsrisiken für Fische infolge wasserbaulicher Anlagen zu gewährleisten, dass die Probanden nicht in direkten Kontakt mit den sie gefährdenden Anlagenteilen geraten. Entsprechend sind solche gefährlichen Bereiche mit einer Einhausung zu versehen (Abb. 5). Für solche Tests ist stets auch zu prüfen, ob im Sinne des nach Tierschutzgesetz geforderten „Replacements“ anstelle lebender Tiere auch Dummies eingesetzt werden können (Kap. 2, Abb. 6).

In der Sinnesphysiologie wird die Funktion und Empfindlichkeit der Wahrnehmungsorgane aquatischer Organismen untersucht. Vor allem Neunaugen und Fische verfügen nicht nur über einen hoch entwickelten Seh-, Tast-, Hör-, Geschmacks- und Geruchssinn, sondern besitzen zudem einen Sinn zur Wahrnehmung von Druckgradienten im Wasser. Mit diesem außerordentlich empfindlichen Seitenlinienorgan sind sie in der Lage Strömungen wahrzunehmen und sich so selbst bei Dunkelheit und Trübung sicher und über große Distanzen zu orientieren. Etliche Fischarten verfügen zudem über die Fähigkeit elektrische Felder nicht nur zu erzeugen, sondern im Dienste der Orientierung auch präzise zu verorten.

Im Labor wird an lebenden Tieren oder isolierten Sinnesorganen untersucht, welche Stimuli in welcher Stärke an den jeweiligen Sinneszellen Aktionspotenziale im Sinne einer neuronalen Antwort auslösen. Zur Ableitung dieser elektrischen Signale werden die zu untersuchenden Sinneszellen oder Nerven mit feinen Elektroden punktiert. Sowohl die Applikation solcher Sensoren am lebenden Tier, als auch die Tötung von Probanden zum Zweck der Organentnahme bedarf einer tierschutzrechtlichen Genehmigung. Da es sich bei diesen Arbeiten um Grundlagenforschung handelt, spielen Konstitution und Motivation des Versuchstieres nur eine untergeordnete Rolle. Deshalb werden in diesem Forschungsbereich vor allem Tiere aus künstlicher Aufzucht und Haltung eingesetzt, wodurch haltungsbedingter Stress und daraus resultierende Beeinträchtigungen der Versuchstiere vermindert werden.

Abbildung 5: Einhausung eines Wasserrades mit Maschendraht, zum Schutz der im ethohydraulischen Test beobachteten Fische

Abbildung 6: Ermittlung der Verletzungsrisiken durch ein Wasserrad mit einer toten Regenbogenforelle (ADAM et al. 2010)

2.4 Fischereibiologie, Fisch- und Gewässerökologie

In der Fischereibiologie und Fischökologie wird mit aquatischen Tieren zumeist in landwirtschaftlichen Produktionsanlagen bzw. unter Feldbedingungen gearbeitet. Dementsprechend unterscheiden sich beispielsweise die hygienischen Voraussetzungen beim Fang, bei der Haltung und dem Umgang mit den Tieren deutlich von genetischen, ökotoxikologischen oder sinnesphysiologischen Untersuchungen an Kleinfischen unter Laborbedingungen, zumal zudem häufig adulte Exemplare großwüchsiger Arten zu handhaben sind. Nach dem Tierschutzgesetz relevante Eingriffe an, sowie Arbeiten mit Krebsen, Neunaugen und Fischen finden u. a. zu folgenden Zwecken statt:

- Entnahme von Gewebeproben für chemisch-klinische Analysen auf Umweltbelastungen oder Xenobiotika.
- Entnahme von Schuppen-, Blut oder Gewebeproben für populationsgenetische Analysen und/oder zur Bestimmung des Altersaufbaus von Populationen.
- Markierung von Tieren zur individuellen Wiedererkennung oder zur Untersuchung ihres Wanderverhaltens.

Voraussetzung für die Durchführung solcher Untersuchungen ist in der Regel der Fang der benötigten aquatischen Organismen aus einer Zuchtanlage oder Gewässern im Freiland.

Die Fischereibiologie ist eine traditionelle Hilfswissenschaft der gewerbsmäßigen Fischerei, deren primäres Ziel die Produktion und Bereitstellung von Nahrungsmitteln ist. Sie beschäftigt sich deshalb vornehmlich mit domestizierten Fischarten wie Regenbogenforelle und Karpfen, die bis zur Ernte in künstlichen und natürlichen stehenden Gewässern wie Teichen, Talsperren und Seen gehalten werden. Ein stetig wachsender Anteil der fischereilichen Produktion entfällt mittlerweile auf Aquakulturen, in denen beispielsweise Aale oder verschiedene Störarten bis zur Speisefischgröße gemästet werden. Auch exotische Arten wie Nilbarsche oder Kiemensackwelse werden inzwischen hierzulande in Aquakultur produziert. Im Zentrum der fischereibiologischen Forschung steht einerseits der Produktionsprozess, vornehmlich unter ökonomischen Gesichtspunkten, sowie andererseits die Qualität und Vermarktungsfähigkeit des Produktes als Lebensmittel.

Zunehmend gelangen neben den traditionellen Fischarten auch andere aquatische Organismen in den Handel. Dies sind vor allem zehnfüßige Krebse wie Flusskrebse, Hummer und Langusten, die überwiegend lebend vermarktet werden. Hieraus ergibt sich die Notwendigkeit, Produktion, Transport und Hälterung dieser Tiere sowohl unter ökonomischen Aspekten, sowie auch im Sinne des Tierschutzes zu optimieren. Zur Erarbeitung des hierfür erforderlichen Wissens können wiederum Tierversuche notwendig werden. Daneben rücken nicht zuletzt aufgrund der gestiegenen Bedeutung der Angelfischerei als Freizeitbeschäftigung zunehmend auch Wildfische in stehenden und fließenden Gewässern in den Fokus der Fischereibiologie.

Demgegenüber befasst sich die Fisch- und Gewässerökologie mit Fischen, Neunaugen und Krebsen, um die Beziehungen dieser aquatischen Organismen zu ihrer Umwelt zu untersuchen und Beeinträchtigungen der Lebensbedingungen in den aquatischen Ökosystemen letztlich in Hinblick auf mögliche Konsequenzen für den Menschen zu verstehen. So werden die Auswirkungen chemisch-physikalischer Belastungen auf die Gewässergüte, Veränderungen der Gewässerstrukturen und anthropogener Nutzungen untersucht, wobei bestimmte Arten oder ganze Artengemeinschaften als Indikatororganismen im Fokus stehen. Eine wichtige Rolle spielt auch die Bewertung der Qualität von Gewässern als Lebensräume und die Erfolgskontrolle von Sanierungs- und Renaturierungsmaßnahmen. Hierzu zählt beispielsweise die Ermittlung der Wirksamkeit von Fischschutz-, Fischauf- und Fischabstiegsanlagen, um die in allen Gewässersystemen zahlreich vorhandenen Wanderhindernisse für stromauf- und stromabwärts wandernde Tiere passierbar zu machen (GOUGH et al. 2012). Im Rahmen der Wiederansiedlung verschollener Arten, wie z. B. mit Lachs und Stör, ergeben sich Überschneidungen mit der Fischereibiologie und der klassischen Fischzucht, wenn beispielsweise Elterntiere künstlich vermehrt und Jugendstadien in Fischzuchten aufgezogen und später in natürlichen Gewässern besetzt werden.

Tierschutzrechtlich relevante Probleme können in diesem Themengebiet daraus resultieren, dass sich die Fischökologie oftmals tradierter Fischereitechniken bedient. In der Fischerei werden aquatische Tiere allerdings primär als potenzielle Lebensmittel betrachtet. Die eingesetz-

Abbildung 7: Im Rahmen fischökologischer Untersuchungen kommen immer wieder Fische in unterdimensionierten, stark durchströmten Reusen zu Tode

ten Methoden zum Fang, die Handhabung und Hälterung sind folglich auf den kostengünstigen Umgang mit großen Mengen von Tieren ausgelegt, die ohnehin früher oder später geschlachtet werden. Im Gegensatz hierzu muss es das zentrale Anliegen der Fischökologie sein, die Objekte ihrer Forschung, über deren Leben und vor allem auch Überleben es Wissen zu erarbeiten gilt, so wenig wie möglich zu beeinträchtigen, zu schädigen oder gar zu töten. Unabhängig von ethischen Grundsätzen und dem gesetzlich verankerten Schutz von Versuchstieren ergibt sich dies allein schon aus der Notwendigkeit, eine Verfälschung der Untersuchungsbefunde durch physiologischen Stress, eine eingeschränkte Gesundheit, Leistungsfähigkeit oder Motivation der Probanden zu vermeiden. Die häufige Missachtung dieser Grundsätze ist darin begründet, dass klassische fischereiliche Techniken oft unkritisch, ungeprüft und damit unverändert auch in der Fisch- und Gewässerökologie zur Anwendung kommen (Abb. 7 und 8).

Abbildung 8: Für Monitoringzwecke an der Fischaufstiegsanlage am Wehr Geesthacht an der Elbe gebaute Fanganlage, deren Fangkammer mit 3 x 4 x 1,2 m groß dimensioniert und außerhalb der Hauptströmung platziert ist

3 Genehmigungsweg eines Tierversuchs

Mit dem Inkrafttreten der EU-Richtlinie 2010/63 (EUROPÄISCHES PARLAMENT & Rat der EUROPÄISCHEN UNION 2010) müssen deren Inhalte in nationales Recht umgesetzt werden. Die entsprechende, im Januar 2013 erwartete Novellierung des deutschen Tierschutzgesetzes (TierSchG 2010) wurde allerdings auf unbestimmte Zeit verschoben und auch eine Tierschutz-Versuchstierverordnung existiert bislang erst im Entwurf. Deshalb beziehen sich die nachfolgenden Ausführungen auf die in Deutschland Anfang des Jahres 2013 noch gültigen gesetzlichen Bestimmungen.

3.1 Genehmigung des Versuchsvorhabens

Im Tierschutzgesetz befasst sich der fünfte Abschnitt mit den § 7 bis 9a mit der Durchführung von Tierversuchen. Dabei behandeln § 8 und § 8a die Frage, ob es sich bei einem geplanten Vorhaben um einen Tierversuch handelt und ob hierfür eine Genehmigung benötigt wird. Vorhaben, die sich ausschließlich auf Krebse oder Tintenfische beziehen, sind lediglich anzeigepflichtig. Bei Wirbeltieren obliegt die Entscheidung den vor Ort zuständigen Genehmigungsbehörden. Dies sind die Veterinärdezernate bzw. Abteilungen für Veterinärwesen, die in der Regel bei den Mittelbehörden der Bundesländer angesiedelt sind, also z. B. bei den Bezirksregierungen oder Regierungspräsidien, gelegentlich aber auch auf der oberen Verwaltungsebene, z. B. im Umweltministerium oder in fachberatenden Landesämtern. Den Fischereibehörden der Länder obliegt zwar die Umsetzung der Fischereigesetze und sie sind für den Schutz der Fischbestände einschließlich Neunaugen und Krebsen zuständig, die Genehmigung von Tierversuchen an aquatischen Organismen fällt jedoch nicht in ihren Zuständigkeitsbereich. Auch hier sind ausschließlich die Veterinärbehörden zuständig, die die Fischereiverwaltung allerdings beratend hinzuziehen können.

Bei Untersuchungen an Wirbeltieren steht es im Ermessen der Genehmigungsbehörde, ausnahmsweise auf ein tierschutzrechtliches Genehmigungsverfahren zu verzichten, wenn das Vorhaben von einem Bundesland beauflagt wurde oder es im Auftrag des Bundes oder der Europäischen Union durchgeführt werden soll. Ob allerdings ein Ausnahmetatbestand vorliegt, kann nur von der Genehmigungsbehörde selbst entschieden werden.

Die Beantragung der Genehmigung eines Tierversuches erfolgt mittels eines bundeseinheitlichen Formulars, in dem detaillierte Angaben u. a. zu folgenden Aspekten eingefordert werden:

- Dauer des Vorhabens.
- Zweck und Unerlässlichkeit des Vorhabens.
- Angaben zum themenbezogenen Wissensstand und zu den Wissensdefiziten, die im Rahmen des Tierversuchs bearbeitet werden sollen.
- Diskussion möglicher alternativer Versuchsansätze.
- Herkunft, Art und Anzahl der für den Tierversuch vorgesehenen Tiere.
- Versuchsstruktur sowie Darlegung der Art und Weise des Umgangs mit den Tieren. Hier ist insbesondere anzugeben, ob und in wie weit den Versuchstieren Belastungen, Schmerzen, Leiden oder Schäden zugefügt werden und ob dies mit oder ohne Betäubung erfolgt.
- Auskunft darüber, ob die Tiere den Versuch überleben werden.
- Angaben, wie mit den Versuchstieren nach Abschluss der Arbeiten verfahren wird.
- Name, berufliche Qualifikation und Zertifikation folgender Personen:
  - Versuchsleiter und Stellvertreter.
  - Personen, die den Versuch durchführen sowie Behandlungen und Eingriffe an den Tieren vornehmen.
  - Personen, die für die Hälterung und Gesundheit der Tiere verantwortlich sind.

Die Einreichung des Antrages ist Aufgabe des Tierschutzbeauftragten der jeweiligen Hochschule, des Forschungsinstituts oder des privatwirtschaftlichen Unternehmens, das das Versuchsvorhaben plant. Der

Tierschutzbeauftragte verfasst auch eine schriftliche Stellungnahme über die ethische Vertretbarkeit des Vorhabens, die zusammen mit dem Antrag eingereicht wird. Dieser Funktionsträger muss von der Genehmigungsbehörde anerkannt sein, was in der Regel eine fachliche Qualifikation als Veterinärmediziner oder Biologe, sowie eine einschlägige berufliche Erfahrung voraussetzt. Gelegentlich kann aber aufgrund des Nachweises einer fachlichen Zusatzqualifikation und langjährigen beruflichen Praxis eine Person mit anderer Ausbildung als Tierschutzbeauftragter amtlich anerkannt werden.

Die Genehmigungsbehörde legt den Antrag auf Genehmigung eines Tierversuchsvorhabens einer ehrenamtlich tätigen Ethikkommission zur Prüfung vor. Die das Tierversuchsvorhaben außerordentlich sorgfältig prüfenden Ethikkommissionen tagen meist unregelmäßig, was den Bescheid einer Genehmigung um Monate verzögern kann. Vorbehaltlich der Zustimmung dieses Gremiums erteilt die Genehmigungsbehörde eine schriftliche Genehmigung, die auf ein bis drei Jahre befristet ist. Sofern sich die Inhalte und Versuchsbedingungen nicht ändern, kann die ausgesprochene Genehmigung auf der Grundlage einer formlosen schriftlichen Begründung um ein weiteres Jahr verlängert werden. Hierbei ist allerdings zu beachten, dass die Genehmigung stets nur für die ausgewiesene maximale Anzahl von Versuchstieren gültig ist. Ändern sich die Inhalte und Methoden des genehmigten Tierversuchs, oder wird eine größere Anzahl von Probanden benötigt, ist ein Ergänzungsantrag zu stellen. Im Falle erheblicher Abweichungen von dem genehmigten Tierversuch liegt es im Ermessen der Behörde, die Vorlage eines neuen Antrags zu fordern und ein neues Genehmigungsverfahren durchzuführen.

Sieht die Genehmigungsbehörde von einem Genehmigungsantrag für einen Tierversuch ab, verlangt sie in der Regel stattdessen eine formelle Anzeige des Versuchsvorhabens. Abgesehen von geringfügigen Abweichungen im Antragsformular besteht der Unterschied zu einem Antrag vor allem darin, dass die Entscheidung über die Zulässigkeit des Tierversuchs von der Genehmigungsbehörde selbst ohne Anhörung der Ethikkommission getroffen wird.

Der Genehmigungsbehörde ist jährlich auf einem bundeseinheitlichen Versuchstiermeldebogen Rechenschaft über die im genehmigten Tierversuch eingesetzten Tiere zu geben. Hierbei handelt es sich um eine Excel-Tabelle, die unter Verwendung entsprechender Schlüssel auszufüllen ist.

Schließlich sei darauf verwiesen, dass es sich bei ungenehmigten Arbeiten mit bzw. Eingriffen an Tieren um Ordnungswidrigkeiten oder gar Straftaten handelt, die mit Bußgeldern, Freiheitsentzug von bis zu drei Jahren und/oder einem Berufsverbot geahndet werden können.

3.2 Genehmigung der Hälterung aquatischer Organismen

Werden Neunaugen und Fische für wissenschaftliche Arbeiten gehältert oder gar gezüchtet, bedarf dies gemäß § 11 TierSchG einer Erlaubnis von der zuständigen Genehmigungsbehörde. Eine solche Erlaubnis für die Tierhälterung wird mit einem bundesweit einheitlichen Formular beantragt, in das folgende Informationen einzutragen sind:

- Ort der Hälterung.
- Beschreibung der Räume und Einrichtungen für die Hälterung.
- Gattung und Zahl der Tiere.
- Nachweis der beruflichen Qualifikation der namentlich zu benennenden Personen, die für die Hälterung und die Gesundheit der Tiere verantwortlich sind.

Nach Antragstellung überprüft die Genehmigungsbehörde die Angaben in der Regel durch eine Vorortbegehung. Wichtig ist in diesem Zusammenhang, dass die gesetzlichen Mindestanforderungen bezüglich der Größe der Hältereinrichtung und der maximalen Besatzdichte eingehalten werden. Im Falle aquatischer Organismen muss darüber hinaus sichergestellt sein, dass eine ausreichende Wasserqualität in der Hälterung gewährleistet ist. Diese Mindestanforderungen sollen den Tieren ein weitgehend artgerechtes Leben ermöglichen. Die Haltungsbedingungen und der Bestand der gehälterten Tiere sind in einem Tierbestandsbuch zu dokumentieren.

Die Zeitdauer, für die eine Haltungserlaubnis erteilt wird, liegt im Ermessen der Behörde. Viele Genehmigungen werden unbefristet ausgestellt. Die Genehmigungsbehörde kann jederzeit unangemeldet Kontrollen der Tierhälterung durchführen; dabei ist auch das Tierbestandsbuch vorzulegen.

4 Morphologie und Anatomie aquatischer Tiere

Die nachfolgenden Ausführungen zur Morphologie und Anatomie aquatischer Organismen geben eine Einführung in den Bauplan und die wesentlichen anatomischen Merkmale von Krebsen, Neunaugen und Fischen. Weitere Grundlagen finden sich in Übersichtswerken wie „Kükenthals Zoologischem Praktikum" von STORCH & WELSCH (2009). Auch diese ersetzen allerdings nicht die Lektüre weiterführender Literatur über diejenigen Arten, die in dem jeweiligen Versuchsvorhaben eingesetzt werden sollen.

4.1 Krebse

Unter den Wirbellosen wurden neben der rein marinen Gruppe der Tintenfische nur die zehnfüßigen Krebse (Decapoden) in das Tierschutzgesetz aufgenommen (TierSchG 2010). Der Grund hierfür ist zum einen, dass es sich bei den Decapoden um die am höchsten entwickelte Ordnung der Krebstiere handelt, deren Angehörige über empfindliche Sinnesorgane und komplexe Verhaltensweisen verfügen. Zum anderen kommt hierin zum Ausdruck, dass fast alle Speisekrebse dieser taxonomischen Einheit angehören und der Handel mit lebenden Krebsen in den letzten Jahren stark zugenommen hat. Dies betrifft einerseits großwüchsige marine Arten wie Hummer, Langusten und Garnelen. Von den Süßwasserarten wird vor allem der Flusskrebs vermarktet. Hierbei handelt es sich entweder um den einheimischen Edelkrebs oder verschiedene eingeschleppte Arten wie den Signalkrebs. Von kulinarischem Interesse ist insbesondere das Muskelfleisch im Schwanz und in den Extremitäten der Krebse. Die Bedeutung von Krebsen als Versuchstiere tritt demgegenüber deutlich zurück.

Namensgebend für die zehnfüßigen Krebse sind ihre fünf Schreitbeinpaare, die am Thorax entspringen. Das vorderste Beinpaar ist häufig zu kräftigen Scheren umgebildet, die zur Verteidigung, zum Nahrungserwerb sowie zur innerartlichen Kommunikation eingesetzt werden.

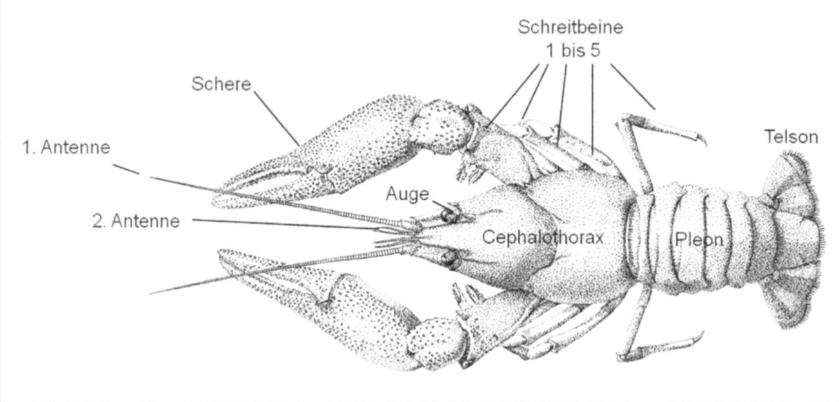

Abbildung 9: Morphologie eines decapoden Krebses (Astacura)

Der Thorax ist mit dem Kopf durch einen kompakten Panzer (Carapax) zum so genannten Cephalothorax verwachsen (Abb. 9). Eine langgestreckte Körperform mit einem horizontal ausgestreckten, kräftigen Schwanz (Pleon), der in einem Schwanzfächer (Telson) endet, zeichnet die Angehörigen der Unterordnung der Astacura (Langschwanzkrebse) aus (Abb. 10). Demgegenüber tragen Krebse der Unterordnung Brachyura (Krabben) ihr unscheinbares Pleon unter die Bauchseite geklappt (Abb. 11). Neben rein marinen Vertretern wie der Strandkrabbe gehört zu dieser Artengruppe auch die in Deutschland eingeschleppte Wollhandkrabbe, die als Jungtier die Flüsse aufwandert, im Süßwasser heranwächst und zur Fortpflanzung ins Meer zurückkehrt.

Der Carapax der zehnfüßigen Krebse entspringt am Rücken und umschließt den gesamten Körper bis zur Basis der Beine. Auf diese Weise entsteht auf der Bauchseite ein geschützter Hohlraum. Das hierin zirkulierende Wasser wird als Atemwasser genutzt, denn die an der Basis der Beine entspringenden, zarthäutigen Kiemen ragen in diesen Hohlraum hinein.

Als charakteristisches morphologisches Merkmal besitzen die Krebse neben den Schreitbeinen zahlreiche weitere Beinpaare. Diese sind in der Mehrzahl an der Körperunterseite verborgen und erfüllen die unterschiedlichsten Funktionen. So sind mehrere Beinpaare im Kopfbereich zu Mund- und Kauwerkzeugen umgebildet und dienen darüber hinaus der Ventilierung des Atemwassers. Selbst die Antennen haben sich ur-

Abbildung 10: Astacura: Flusskrebse

Abbildung 11: Brachyura: Wollhandkrabbe mit untergeklapptem Pleon

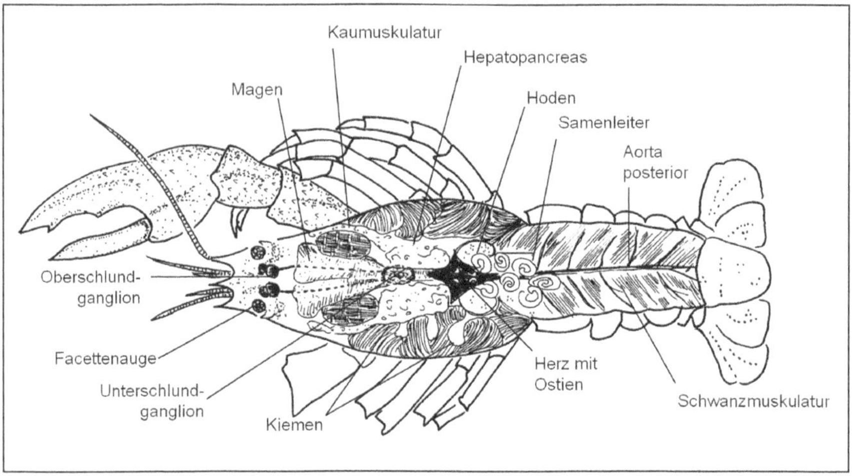

Abbildung 12: Anatomie eines männlichen Flusskrebses (verändert nach STORCH & WELSCH 2009)

sprünglich aus Beinen entwickelt. Die Beine im Schwanzbereich dienen männlichen Krebsen zur Übertragung des Spermas. Weibliche Krebse tragen hier zunächst die Eier und nach dem Schlupf die Larven, bis diese zu einer eigenständigen Lebensweise übergehen.

Aufgrund der starren Panzerung des gesamten Körpers können Krebse nur wachsen, indem sie sich häuten. Häufig ist dies auch die Voraussetzung für eine erfolgreiche Reproduktion. Eingeleitet wird eine Häutung durch das Ausschalten eines häutungshemmenden Hormons. Daraufhin erhöht sich der osmotische Wert der Körperflüssigkeit (Hämolymphe), der Binnendruck im Körper steigt und schließlich platzt der Carapax an einigen Sollbruchstellen auf. Nun zieht sich das gesamte Tier aus der starren Chitinhülle heraus, die als Exuvie zurück gelassen wird (ADELUNG 1971). Da der neue, unmittelbar nach dem Schlupf noch weiche Panzer mehrere Stunden aushärten muss, ist dies die gefährlichste Lebensphase der dann so genannten „Butterkrebse", die sich zum Schutz vor Fressfeinden in Unterstände zurückziehen.

Die Leibeshöhle eines Krebses wird nahezu vollständig von den mächtigen Geschlechtsorganen und deren ausführenden Gängen ausgefüllt (Abb. 12). Daneben findet sich der Magen mit einer Mitteldarmdrüse (Hepatopankreas), die die Verdauungsenzyme bereit stellt und die Speicherung von Reservestoffen übernimmt. Ventral setzt die Muskulatur zur

Bewegung der Beine an, wobei die Muskelpakete für die Beiß- und Kauwerkzeuge am mächtigsten entwickelt sind.

Krebse betreiben eine aktive Osmoregulation, wobei sie je nach Bedarf Salze aufnehmen und ausscheiden können, wofür ihnen ein aus leistungsfähigen Nephridien bestehendes Exkretionssystem zur Verfügung steht, das an der Basis der Antennen lokalisiert ist. Deshalb vermögen einige Arten sowohl Lebensräume im Süß-, wie auch im Salzwasser zu besiedeln. Der Kreislauf der Krebse ist offen, d. h. es sind nur wenige Arterien ausgebildet, die frei in der Körperhöhle enden. Es gibt also noch keine Trennung zwischen Gewebsflüssigkeit und Blut. Deshalb wird die in der Körperhöhle zirkulierende, farblose Flüssigkeit als Hämolymphe bezeichnet. Sie tritt durch drei Paar einfache Öffnungen (Ostien) direkt in den Herzbeutel ein, dessen Kontraktionen die Hämolymphe durch den Körper treibt. Hierbei sorgt die Aorta posterior für die Sauerstoffversorgung der Muskulatur im Pleon.

Auch das Nervensystem der Krebse ist wesentlich einfacher aufgebaut als das von Wirbeltieren. Anstelle eines Gehirns sind die Nervenzellen zu Ganglienknoten zusammengefasst, die im Kopf ein Ober- und ein Unterschlundganglion als Zentralorgane bilden. Dennoch verfügen Krebse mit zwei sensiblen Antennenpaaren und einem Paar Facettenaugen über vergleichsweise empfindliche und leistungsfähige Sinnesorgane. Darüber hinaus findet sich an der Basis der Antennen ein statisches Organ, mit dessen Hilfe das Tier seine Lage im Raum wahrnimmt.

Neuere Forschungen zur Tötung von Krebsen mit Strom haben gezeigt, dass diese offenbar Schmerzen empfinden können und entsprechend leidensfähig sind (EFSA 2005).

4.2 Neunaugen

Die Neunaugen sind in deutschen Nord- und Ostseezuflüssen mit zwei anadromen Arten vertreten, deren Entwicklungszyklus einen obligaten Wechsel zwischen den Gewässern des Binnenlandes und dem Meer umfasst. Es handelt sich um das bis zu 40 Zentimeter lange Flussneunauge (Abb. 14) und das Meerneunauge (Abb. 15), das mit bis zu 80 Zentimeter Totallänge wesentlich größer wird.

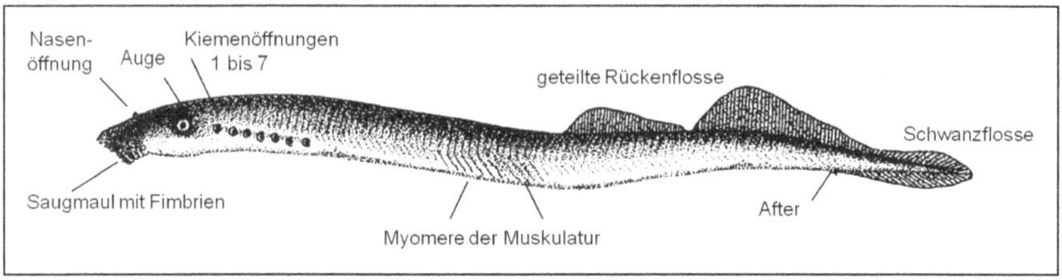

Abbildung 13: Morphologie eines adulten Neunauges

Die Neunaugen zeichnen sich durch eine indirekte Entwicklung aus, wobei die als Ammocoeten (Querder) bezeichneten, augenlosen Larven im Sediment von Flüssen und Bächen vergraben leben. Sie ernähren sich zunächst von organischen Partikeln, die sie aus der fließenden Welle heraus filtrieren. Je nach Art vollziehen die Larven nach ca. vier bis sieben Jahren eine Metamorphose mit einem weit reichenden Umbau ihrer inneren Organe. Auch bilden sich erst zu diesem Zeitpunkt die Augen aus. Nun wandern die Fluss- und Meerneunaugen ins Meer ab und wachsen dort bis zur Geschlechtsreife heran, indem sie an Fischen parasitieren. Als Laichtiere kehren sie schließlich an die Küsten zurück und wandern die Flüsse stromauf, um sich ein einziges Mal in ihrem Leben fortzupflanzen, bevor sie sterben.

Das Bachneunauge sowie einige im Donausystem endemische Arten zeigen kein derartig ausgeprägtes anadromes Wanderverhalten; ihnen fehlt auch die parasitische Wachstumsphase. Stattdessen verbleiben sie nach der Metamorphose im Süßwasser und pflanzen sich fort, ohne dass die nur ca. 15 Zentimeter langen adulte Tiere je Nahrung zu sich genommen haben.

Die bilateralsymmetrisch gebauten Neunaugen mit einer zentralen Chorda dorsalis und einer in Myomere segmentierten Muskulatur repräsentieren den Urtyp der Wirbeltiere und stehen stammesgeschichtlich den Vorfahren der modernen Fische nahe (HOLCIK 1986). Im Gegensatz zu den höheren Wirbeltieren ist das Endoskelett nicht knöchern, sondern knorpelig. Auch sind in die schleimlose Haut keine Schuppen eingelagert. Primitive Merkmale des lang gestreckten Neunaugenkörpers sind das Fehlen paariger Flossen und eines Unterkiefers (Abb. 13). Anstelle dessen besitzen sie ein mit Hornzähnen besetztes und von fransenartigen Fortsätzen, den so genannten Fimbrien umsäumtes, rundes Saugmaul,

Abbildung 14: Flussneunauge

weshalb sie auch als Cyclostomata (Rundmäuler) bezeichnet werden. Mit dem Maul saugen sie sich während der marinen Lebensphase an Wirtsfischen fest und raspeln mit Hilfe eines komplizierten Apparates aus diversen Zungenknorpeln und Muskeln eine Öffnung in deren Körper, um sich von Gewebefetzen und Körperflüssigkeit zu ernähren.

Ein weiteres primitives Merkmal ist die große Anzahl von sieben Kiemenöffnungen an den Flanken, die, ebenso wie bei den Haien, nicht unter einem schützenden Kiemendeckel verborgen sind. Die Bezeichnung „Neunauge" geht übrigens auf die bei adulten Exemplaren erkennbare Reihung der sieben Kiemenöffnungen zuzüglich der unpaaren Nasen-

Abbildung 15: Von Fimbrien gesäumtes Saugmaul eines Meerneunauges mit Zähnchen und Hornplatten

öffnung und dem Auge zurück. Außer den beiden Linsenaugen, einem unpaaren Geruchsorgan und zahlreichen Geschmackssensoren im Maul und auf den Fimbrien besteht die Sinnesausstattung dieser Tiere aus dem Seitenlinienorgan, das nicht nur entlang der Flanken, sondern auch im gesamten Kopfbereich ausgebildet ist. Hiermit können sie Strömungen und Turbulenzen im Wasserkörper wahrnehmen.

Querder von Neunaugen lassen sich problemlos in Aquarien mit feinsandigem Substrat hältern, in das sie sich eingraben. Sie ernähren sich von Detritus und Schwebstoffen, so dass sie bei gemeinsamer Hälterung mit Fischen nicht gefüttert werden müssen. Adulte Neunaugen hingegen, also auch die aufwandernden Exemplare der anadromen Arten, nehmen keine Nahrung zu sich. Entsprechend lassen sie sich auch nicht füttern. Allerdings haben sie ohnehin eine nur kurze Lebenserwartung, da sie unmittelbar nach der Fortpflanzung sterben. Die spezielle Ernährungsweise der Neunaugen hat auch einige anatomische Besonderheiten des magenlosen Verdauungstrakts zur Folge. Nach dem muskulösen Saugapparat teilt sich der Schlund (Pharynx) in zwei Kanäle auf, von denen einer als Oesophagus die aufgenommene Nahrung dem Mitteldarm zuführt, während der andere die Kiemen jeder Körperseite mit Atemwasser versorgt. Kontrolliert wird die Zuführung von Nahrung und Atemwasser auf die jeweiligen Trakte durch ein Gaumensegel (Velum). Der Pharynx ist so eng, dass ein Einführen von Festkörpern praktisch unmöglich ist. Dies betrifft beispielsweise einen Beatmungsschlauch während der Sedierung (Kap. 8), wie auch die gastrointestinale Einführung eines telemetrischen Senders (Kap. 10.2.4).

Am Übergang vom Oesophagus zum Darm mündet die Bauchspeicheldrüse (Pankreas) ein, die nicht nur die Verdauungsenzyme, sondern auch die der Regulierung des Blutzuckerspiegels dienenden Hormone produziert. Die resorbierende Oberfläche des Darms, der den Körper als gestrecktes Rohr durchzieht, wird durch eine besonders ausgeprägte Spiralfalte sowie zusätzliche Längsfalten vergrößert. Daneben besitzen Neunaugen eine der Körperform folgende Leber. Zwei Nierenstränge erstrecken sich unmittelbar benachbart zu den ebenfalls langgestreckten Gonaden dorsal der Leibeshöhle. Bei einem guten Ernährungszustand sind alle inneren Organe eines Neunauges von Fettgewebe umgeben. Wie alle Wirbeltiere verfügen auch Neunaugen über einen geschlossenen Blutkreislauf. Die Erythrozyten sind, ebenso wie bei den Fischen, kernhaltig.

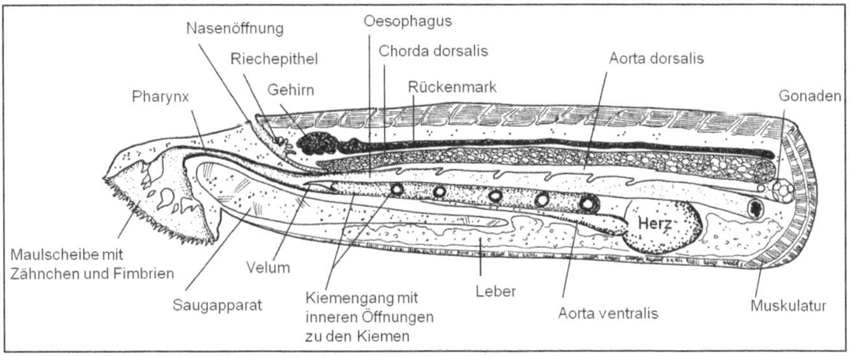

Abbildung 16: Anatomie eines Neunauges (verändert nach STERBA 1954)

Neunaugen sind getrennt geschlechtlich. Wenn die Geschlechtsprodukte heranreifen, füllen Hoden und Ovarien zunehmend die gesamte Leibeshöhle aus, während die Fettreserven resorbiert werden und sich selbst der Verdauungstrakt rückbildet.

4.3 Fische

Sämtliche im Süßwasser vorkommenden einheimischen Fische zählen zu den Osteichthyes (Knochenfische) und besitzen einen charakteristischen Körperbau. Unabhängig von der Morphologie, die in Anpassung an den Lebensraum und die Lebensweise beispielsweise torpedoförmig, hochrückig, schlangenförmig oder abgeplattet sein kann, verfügen Fische über ein knöchernes Endoskelett. Dieses besteht aus einer zentralen, stabilisierenden Wirbelsäule mit Rippenbögen sowie aus vielen Schädelknochen und mit Zähnen bewehrten, beweglichen Kiefern. Zudem können die Bindegewebsschichten zwischen den segmentierten Muskelpaketen zu Gräten verknöchert sein und damit dem Körper zusätzliche Stabilität verleihen. Bei den meisten Arten wird die Körperoberfläche durch dachziegelartig übereinander liegende, dünne, knöcherne Strukturen, den Schuppen geschützt. Da die Schuppen mit zunehmendem Wachstum des Fisches durch Anlagerung von kalkhaltiger Knochensubstanz größer werden, können sie, ebenso wie der Kiemendeckel und die meisten anderen Knochen, für eine Altersbestimmung herangezogen

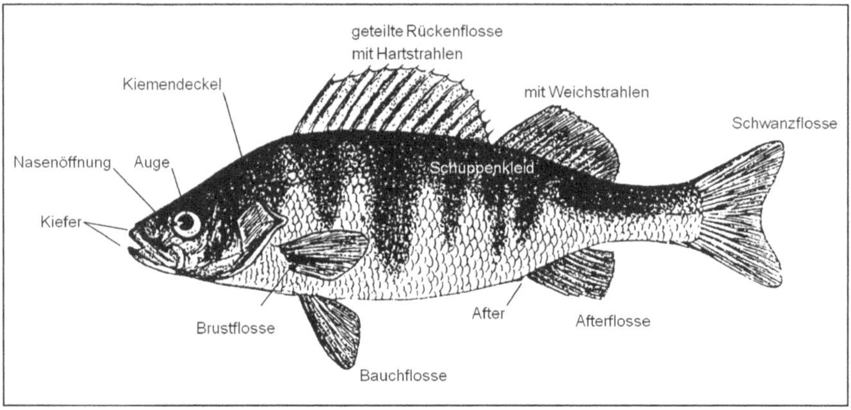

Abbildung 17: Morphologie eines Fisches (Flussbarsch)

werden (Kap. 10.1). Das Schuppenkleid ist von einer sehr dünnen Epidermis überdeckt, in der nicht nur die Körperzeichnung bestimmenden Melanophoren, sondern vor allem die in großer Dichte Schleim produzierende Drüsenzellen eingelagert sind. Diese für die Fische so charakteristische Schleimschicht reduziert nicht nur den hydraulischen Widerstand des Körpers beim Schwimmen, sondern dient vor allem dem Schutz gegen infektiöse Keime.

Fische sind in der Regel mit paarigen Brust- und Bauchflossen, ein bis drei unpaaren Rückenflossen sowie je einer Schwanz- und Afterflosse ausgestattet (Abb. 17). Letztere können, wie beim Aal, einen gemeinsamen Flossensaum bilden, der den Fisch dazu befähigt, gleichermaßen vor- und rückwärts zu schwimmen. Die dünnen Häute der Flossen sind zwischen weichen oder/und harten Flossenstrahlen aufgespannt, die wiederum mittels einer an der Flossenbasis und an den Flossenradien ansetzenden Muskulatur zum Zwecke der Lokomotion und zur Stabilisierung des Körpers gespreizt oder zusammen gefaltet werden können.

In der Leibeshöhle liegen mit Herz, Magen samt als Pylorusschläuche bezeichneten Anhangsdrüsen, Darm, Leber mit Galle, Milz und Gonaden die für alle Wirbeltiere typischen inneren Organe (Abb. 18). Die beiden bandartigen Nieren erstrecken sich dicht unterhalb der Wirbelsäule. Als spezielle Anpassung an den aquatischen Lebensraum findet sich im Bauchraum vieler Arten zusätzlich eine gasgefüllte Schwimmblase. Durch

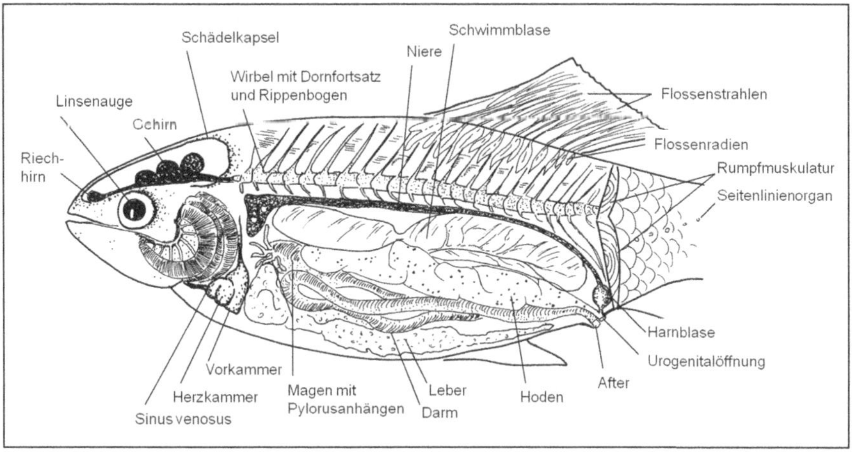

Abbildung 18: Anatomie eines Fisches (verändert nach STORCH & WELSCH 2009)

Regulation des Füllungsgrades dieses zumeist zweikammrigen hydrostatischen Organs ist der Fisch in der Lage, in jeder beliebigen Wassertiefe zu verweilen oder seine Position in der Vertikalen ohne Kraftaufwand zu verändern (BONE & MARSHALL 1985). Bei Cypriniden sowie einigen anderen Arten übernimmt die Schwimmblase zudem die Funktion eines Resonanzkörpers, der Geräusche verstärkt, die dann über den Schall leitenden Apparat (Weber'sche Knöchelchen) an das hydroakustische Organ in der Schädelkapsel weiter geleitet werden. Je nach Morphologie und Lebensweise einer Art variieren die Lage und Größe der Organe (Tab. 1), was insbesondere bei intraabdominalen Eingriffen, wie der Platzierung telemetrischer Sender zu beachten ist (Kap. 10.2.3. bis 10.2.4).

Fische besitzen zwei verschiedene Typen von Muskulatur, die sich nicht nur anhand ihrer Farbe leicht unterscheiden lassen, sondern auch eine unterschiedliche Physiologie und Funktion besitzen (BONE & MARSHALL 1985):

- Die rote Muskulatur dient dem ermüdungsfreien Dauerschwimmen. Sie bildet eine dünne oberflächliche Schicht, die den weißen Hauptteil der Muskulatur überdeckt. Physiologisch arbeitet die rote Muskulatur aerob nach dem Prinzip der Glykolyse oder der Fettspaltung, was eine optimale Energienutzung ermöglicht. Um den erforderlichen Sauerstoff bereit zu stellen, ist dieser Muskulaturtyp gut durchblutet und entsprechend rotfarbig. Der Anteil der dem Energiestoffwechsel dienenden Zellorganellen, der Mitochondrien, beträgt bis zu 50 % der Zellmasse, so dass permanent ausreichend Energie zur Verfügung gestellt werden kann.

- Die weiße Muskulatur bildet den größten Teil der Körpermasse eines Fisches. Sie arbeitet anaerob nach dem Prinzip der Milchsäuregärung. Entsprechend ist sie weniger gut durchblutet und besitzt kaum Mitochondrien, so dass der Volumenanteil der Muskelfasern annähernd 100 % beträgt. Dies ermöglicht Höchstleistungen, die Beispielsweise zur Flucht, zum Ergreifen von Beute oder zur Überwindung von Gewässerabschnitten mit hoher Fließgeschwindigkeit eingesetzt werden. Allerdings ermüdet die weiße Muskulatur rasch und benötigt lange Regenerationszeiten, bis sie wieder ihre maximale Leistungsfähigkeit erreicht.

Der Kreislauf der Fische ist geschlossen, wobei das gekammerte Herz mit dem Sinus venosus das hämoglobinhaltige Blut mit kerntragenden Erythrozyten durch die Gefäße pumpt (Abb. 19). Das in den jeweils vier Kiemen einer Körperseite mit Sauerstoff angereicherte Blut fließt über die Arteria brachialis efferens der Aorta dorsalis zu, die es im gesamten Körper verteilt, wobei die Arteria mesenteria Darm und Leber versorgt. Das venöse Blut aus dem Kopf wird von der Vena cardinalis cranialis, das aus dem Schwanzende über die Vena cardinalis caudalis dem Cuvier´schen Gang zugeleitet, der direkt zum Herzen führt, das auch die Vena porta hepatis mit dem aus dem Gastrointestinaltrakt zurückströmenden Blut aufnimmt. Vom Herzen kommend schließt die Aorta ventralis den Blutkreislauf zu den Kiemengefäßen.

Das von zahlreichen Schädelknochen gut geschützte Gehirn der Fische ist vergleichbar demjenigen der höheren Wirbeltiere aufgebaut. Die Sinnesorgane sind optimal an das Leben im Wasser angepasst und ihre Leistungsfähigkeit übertrifft diejenige terrestrisch lebender Wirbeltiere in mancherlei Hinsicht um ein Vielfaches. So verfügen Fische über leistungsstarke Linsenaugen, die trotz der unterschiedlichen Brechungseigenschaften von Wasser und Luft Objekte nicht nur unter, sondern auch oberhalb der Wasseroberfläche scharf abbilden. Viele Fischarten

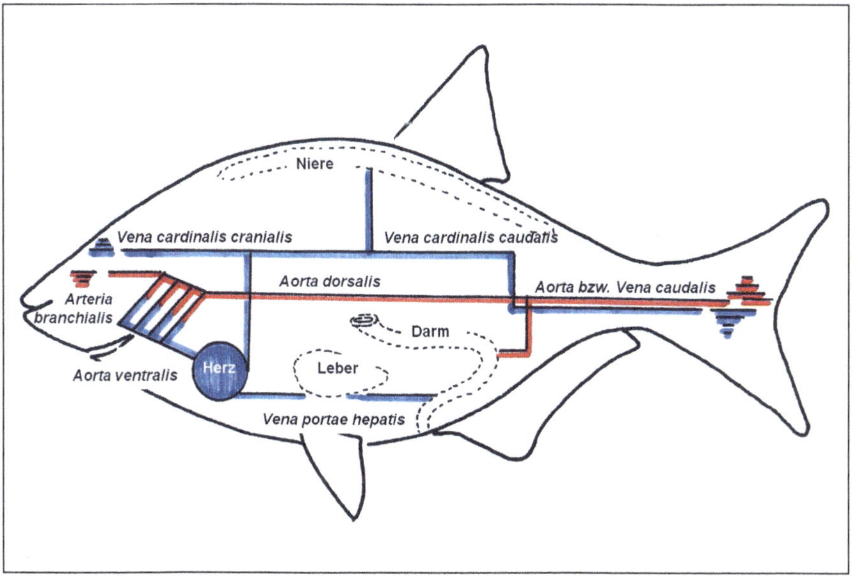

Abbildung 19: Blutkreislauf eines Fisches

können sogar Farben sehen. Zudem sind Fische mit einem sehr sensiblen Geschmacks- und Geruchssinn ausgestattet, der bei einigen Arten weitaus leistungsfähiger ist, als z. B. beim Hund. Diese chemischen Rezeptoren versetzen ihre Träger in die Lage, den spezifischen Eigengeruch von Lebensräumen wahrnehmen und differenzieren zu können, weshalb beispielsweise Lachse über Hunderte von Kilometern zielsicher an die Stätte ihrer Geburt zurückkehren, um sich dort fortzupflanzen. Daneben besitzen Fische mit dem Seitenlinienorgan einen leistungsfähigen Sinn, mit dem sie Strömungsrichtungen, Fließgeschwindigkeiten und Turbulenzen präzise wahrnehmen können, um sich auch bei Dunkelheit und Trübung im Wasserkörper zu orientieren, heran nahenden Fressfeinden zu entfliehen oder Beutefische zu orten. Ergänzt wird die Sinnesausstattung durch beidseitig im Schädel angeordnete hydroakustische Organe. Diese ermöglichen, ebenso wie bei höheren Wirbeltieren, nicht nur die Wahrnehmung von Geräuschen, sondern auch von Drehbewegungen. Hierzu dienen drei rechtwinkelig zueinander angeordnete Bogengänge, das so genannte Labyrinth. Schließlich erfolgt im hydroakustischen

Tabelle 1: Anatomie ausgewählter Fischarten unterschiedlicher Morphologie

Aal	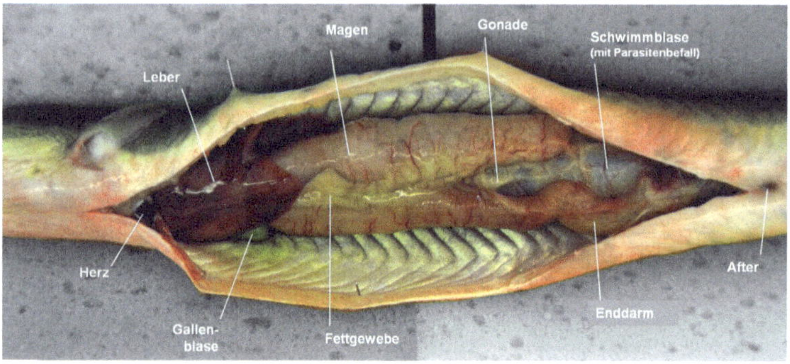
Blei	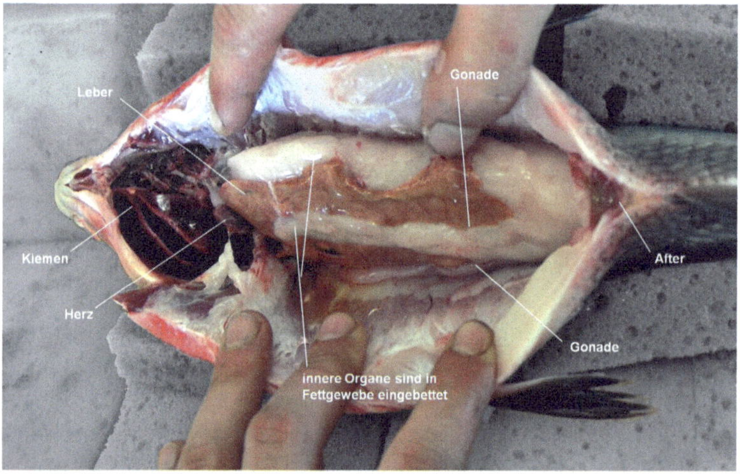
Zan-der	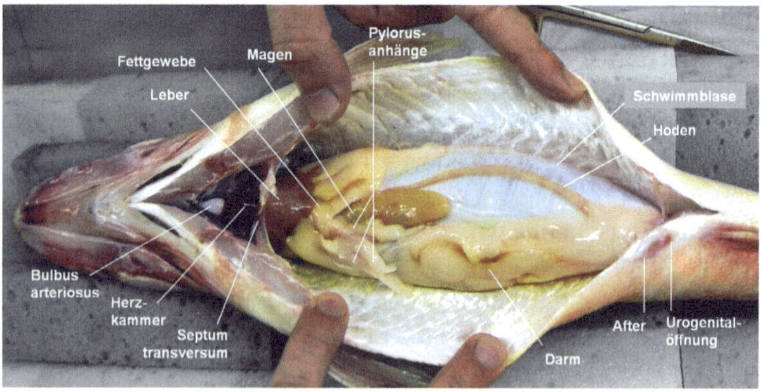

Lachs

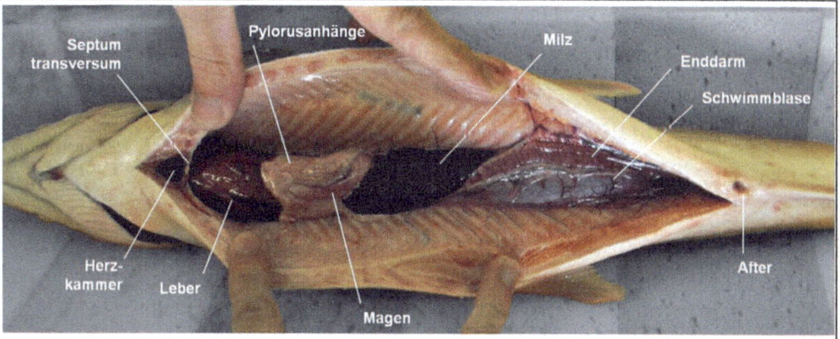

Flun-der

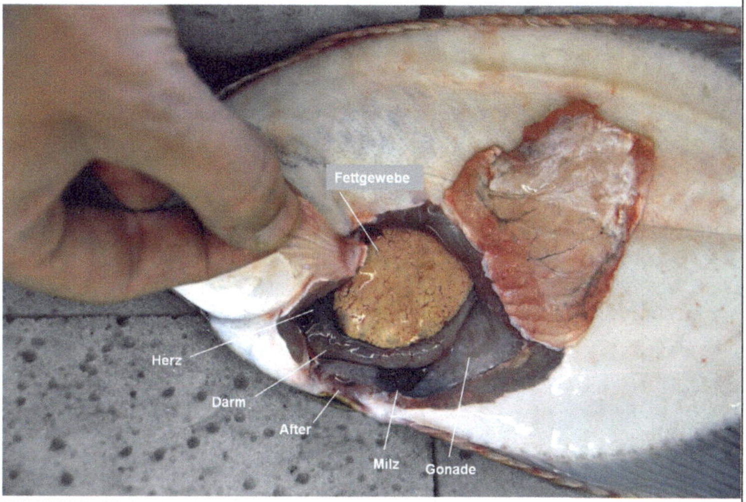

Organ auch die Wahrnehmung der Lage des Fisches im Raum. Dies erfolgt über Sinnespolster, die sich in drei Aussackungen des hydroakustischen Organs befinden. Auf jedem dieser Sinnespolster lagert eine verkalkte Struktur, der so genannte Otolith. Dieser wird ausgelenkt, wenn der Fisch seine Lage im Raum verändert und diese Auslenkung wird von den Sinnespolstern wahrgenommen. Mit dem Wachstum des Fisches vergrößern sich auch die Otolithen. Hierbei entstehen Zuwachsringe, die, ebenso wie Schuppen (Kap. 9.1) und andere Knochen, für die Altersbestimmung herangezogen werden können.

Trotz ihrer differenzierten sensorischen Ausstattung wird Fischen vielfach ein Schmerzempfinden und damit eine Leidensfähigkeit abgesprochen, da bisher keine den Nozizeptoren höherer Wirbeltiere vergleichbaren Schmerzsensoren gefunden wurden. Auch besitzt das Gehirn der

Fische keinen Neocortex, der als neuroanatomische Voraussetzung für ein bewusstes Empfinden von Schmerzen betrachtet wird (KLAUSEWITZ 1989, ROSE 2002, ROSE et al. 2012). Unabhängig von diesen Forschungsergebnissen und jenseits der Diskussionen darüber, was „Schmerz" eigentlich ist und wie er wahrgenommen werden muss, um bei einem Lebewesen die emotionale Empfindung eines „Leidens" hervor zu rufen, gelten auch für Fische die Grundsätze des Tierschutzes, wonach keinem Tier vermeidbare Schädigungen und Belastungen zugefügt werden dürfen.

5 Beschaffung und Transport von Versuchstieren

Für die Beschaffung von aquatischen Versuchstieren stehen unterschiedliche Bezugsquellen zur Verfügung. Welche davon in Frage kommt, richtet sich einerseits nach der Verfügbarkeit der benötigten Arten und Entwicklungsstadien sowie andererseits nach dem Verwendungszweck der Tiere, d. h. den Zielen des Forschungsvorhabens. Nachfolgend werden die wichtigsten Bezugsquellen mit ihren jeweiligen Vor- und Nachteilen vorgestellt.

5.1 Beschaffung von Zuchttieren

5.1.1 Tiere aus Teichwirtschaft und Aquakultur

Die einfachste Möglichkeit lebende Fische und Krebse zu beschaffen, ist der Ankauf aus fischereilichen Aquakulturen und Fischzuchtbetrieben, zumal hier über das ganze Jahr ein umfangreiches Spektrum unterschiedlicher Arten, oft auch in verschiedenen Größen vorgehalten wird. Allerdings beschränkt sich das Angebot weitgehend auf Speisefisch- und Besatzfischarten, die zumeist künstlich erbrütet und in Teichen oder Hälteranlagen ausschließlich nach fischereiwirtschaftlichen Gesichtspunkten aufgezogen wurden.

Bestimmte Arten und Entwicklungsstadien können derzeit in Deutschland nur über Fischzuchten erworben werden, da sie wie beispielsweise Störartige und Lachssmolts nicht im Freiland vorkommen, sehr selten sind oder unter Schutz stehen und keine Genehmigung für ihre Entnahme erteilt wird. Allerdings sind Fische aus Fischzuchtbetrieben für Forschungsvorhaben z. B. in Genetik und Ökotoxikologie ungeeignet, da sie keine definierten genetischen oder physiologischen Eigenschaften aufweisen. Bei der Verwendung von Fischen aus Fischzuchtbetrieben in der Verhaltensbiologie und Fischökologie sind Wildfänge auf jeden Fall stets die bessere Alternative (Kap. 5.2). Sind solche Fische nicht beschaffbar,

Abbildung 20: Schlanker Wildkarpfen aus einem Fließgewässer

ist bei den Versuchstieren zumindest darauf zu achten, dass es sich um eine nicht domestizierte Wildform handelt (Abb. 20 und 21), die Fische nicht aus Intensivhaltungen stammen und am besten speziell für Wiederansiedlungsprojekte aufgezogen wurden. Doch selbst wenn diese Bedingungen erfüllt sind, kann nie ganz ausgeschlossen werden, dass sich solche Tiere abnormal, d. h. nicht vergleichbar wie ihre frei lebenden Artgenossen verhalten. Diese Skepsis ist vor allem bei Fließgewässerarten angebracht, die in Fischzuchten meist unter strömungsarmen Bedingungen gehalten werden und deshalb kaum in der Lage sind, dieselben physischen Leistungen zu erbringen, wie unter natürlichen Lebensbedingungen.

Abbildung 21: Hochrückiger, korpulenter Teichkarpfen

5.1.2 Genetisch veränderte Fische

Einige Speisefische, wie Lachse und Forellen der Gattungen *Salmo* und *Oncorhynchus*, Karpfen und Buntbarsche der Gattung *Tilapia* unterliegen schon seit langem einer intensiven Züchtung, deren Ziel es ist, die Produktion zu intensivieren und damit den fischereilichen Ertrag zu steigern. Neuerdings werden auch Eingriffe am Erbgut vorgenommen, z. B. um das Wachstum zu beschleunigen, die Anfälligkeit gegenüber Krankheitserregern zu reduzieren oder die Kälteresistenz zu erhöhen, so dass sich mit genetisch veränderten Zuchtlinien unter unterschiedlichsten klimatischen Bedingungen jeweils optimale Erträgen erwirtschaften lassen. In Europa ist bislang der Handel mit solchen genetisch veränderten „transgenen“ Speisefischen nicht erlaubt.

In der genetischen und ökotoxikologischen Forschung hingegen haben transgene Fische einen festen Platz. Sie werden in Europa zu den „genetisch veränderten Organismen“ (kurz: GVO) gezählt, deren Transport, Haltung und Zucht unter das Gentechnikgesetz fällt. Der Handel mit transgenen Fischen ist nur autorisierten Institutionen erlaubt und wird streng überwacht. Zu Forschungszwecken können beispielsweise diverse Stämme von Zebrabärblingen über legitimierte Forschungseinrichtungen bezogen werden. In Deutschland sind dies u. a. das Leibnitz-Institut für Gewässerökologie und Binnenfischerei in Berlin, das Max-Planck-Institut für Entwicklungsbiologie in Tübingen und das Zebrafisch-Ressourcenzentrum des Karlsruher Instituts für Technologie. Auf der amerikanischen Homepage des Zebra fish International Resource Centre (ZIRC) sind derzeit nicht weniger als 2.600 verschiedene Linien von Zebrabärblingen gelistet. So wurden beispielsweise verschiedene Linien erzeugt, in deren Erbgut so genannte Markergene eingebaut sind, die wiederum bestimmte Eiweiße mit fluoreszierenden Eigenschaften bilden. An solchen Fischen kann besonders gut untersucht werden, welche Gene an der Entwicklung der verschiedenen Organe beteiligt sind, ob und welche Gene an der Entstehung bestimmter Krankheiten mitwirken oder wie Arzneimittel und Schadstoffe auf das Erbgut wirken.

Da einige fluoreszierende Proteine auch ihre Träger farblich stark verändern, haben Aquarianer an solchen als „Glowfish“ oder „Night Pearl“ bezeichneten transgenen Zebrabärblingen sehr großes Interesse. Auch diese Tiere fallen allerdings unter die Bestimmungen des Gentechnikgesetzes; der Handel ist somit in Europa verboten.

5.2 Fang von Wildtieren

Für fischökologische Untersuchungen werden in aller Regel im Freiland gefangene Wildtiere benötigt, denn nur sie sind frei von zucht- und haltungsbedingten Veränderungen ihrer Physiologie, ihrer Leistungsfähigkeit sowie ihres Verhaltens. Die Beschaffung unterliegt allerdings erheblichen Unwägbarkeiten, denn jede Fangmethode wird nicht nur von den Witterungs- und Gewässerbedingungen beeinflusst, sondern ihr Erfolg hängt auch in erheblichem Umfang von Geschick und Glück des Fängers ab.

5.2.1 Fang mit Geräten der Berufsfischerei

In der Fluss- und Seenfischerei wurden zahlreiche Fangmethoden mit dem Ziel entwickelt, Fische, Neunaugen und Krebse in möglichst großer Zahl und mit geringem Aufwand zu erbeuten, um sie zu vermarkten. Zum Einsatz kommen beispielsweise Stell-, Zug- und Wurfnetze, Hamen und Reusen. Anders als in der Fischerei ist es für die Beschaffung von Versuchstieren für die Forschung von entscheidender Bedeutung, dass die Tiere beim Fang so wenig wie möglich gestresst, geschädigt oder verletzt werden. Dies spielt bei der prophylaktischen Vermeidung von Erkrankungen und Infektionen eine besondere Rolle, zumal in Deutschland ein akuter Therapienotstand bezüglich wirksamer Medikamente für aquatische Organismen herrscht: Die Anwendung u. a. von Malachitgrün und Chloramin wurde ersatzlos verboten, weil es sich bei den zu behandelnden Fischen um potenzielle Nahrungsmittel für Menschen handeln könnte.

Aufgrund der hohen Verletzungsgefahr scheiden Fangmethoden wie mit Stellnetzen und auch die mit Haken bewehrte Angelfischerei von vornherein aus. Auch ist der Fang mit aus Garn gefertigten Reusen oder Hamen kritisch zu sehen, da die Tiere oft schon nach kurzer Verweildauer in den Fanggeräten Verletzungen ihrer Schleimschicht und/oder der sehr empfindlichen Haut davon tragen. Solche Wunden erhöhen das Risiko von Verpilzungen z. B. durch *Saprolegnia*, sekundäre bakterielle oder virulente Infektionen oder Parasitosen z. B. durch Befall mit dem Einzeller *Ichthyophtirius* (Kap 6.2.6). Insofern besteht die Gefahr, dass die Gesundheit, die Leistungsfähigkeit und das Verhalten so gefangener aquatischer Wildtiere nachhaltig verändert ist oder in absehbarer Zeit nach dem Fang beeinträchtigt sein wird. Bereits der Stress, der mit dem Fang der Tiere unvermeidbar einhergeht, erhöht das Risiko von Erkrankungen und/oder Verhaltensänderungen. Insgesamt ist damit beim Einsatz fischereilicher Fanggeräte zur Beschaffung von Versuchstieren die größtmögliche Sorgfalt anzuwenden. In der Regel müssen die Techniken und Gerätschaften der Erwerbsfischerei bezüglich Konstruktion und Handhabung gezielt modifiziert werden, um für den Fang von Versuchsfischen für die Forschung genutzt werden zu können.

5.2.2 Fang in Fischaufstiegsanlagen

Ein weitgehend stress- und verletzungsfreier und damit schonender Fang von Neunaugen und Fischen ist mit Reusen möglich, wie sie bei Aufstiegskontrollen an Fischaufstiegsanlagen eingesetzt werden. Hierbei kann es sich um Garnreusen (Abb. 22) oder um Kastenreusen handeln, die aus Lochblech oder Maschendraht gefertigt sind. Beim Einsatz solcher Reusen ist stets sicher zu stellen, dass die Fanggeräte:

- ausreichend dimensioniert sind, damit die gefangenen Fische genügend Platz haben,
- keinerlei scharfkantige oder raue Oberflächen aufweisen, an denen sich die Tiere verletzten könnten,
- außerhalb der Hauptströmung exponiert sind, damit die Tiere nur geringen Fließgeschwindigkeiten und Turbulenzen ausgesetzt sind und
- mindestens zwei Mal täglich kontrolliert und geleert werden, um die Verweildauer der gefangenen Tiere so kurz wie möglich zu halten.

Werden diese Bedingungen nicht eingehalten, können die gefangenen Tiere erheblich gestresst oder gar verletzt werden (Abb. 23). Als Versuchstiere in der Forschung sind sie dann nicht mehr geeignet.

Abbildung 22: Schonender Fang von Versuchsfischen in einer insgesamt 30 m langen und mit einem großvolumigen Fangsack ausgestatteten Garnreuse aus knotenlosem Netzmaterial im Oberwasser einer Fischaufstiegsanlage

Abbildung 23: In einer unterdimensionierten Kastenreuse hat sich dieser Blei massive Schuppenverluste und Flossenschäden zu gezogen

5.2.3 *Elektrofischerei*

Bei der Elektrofischerei handelt es sich um eine Standardmethode zur Erfassung von Fischbeständen im Rahmen fischereibiologischer und fischökologischer Untersuchungen. Hierbei wird zwischen einer meist als Fangkescher ausgebildeten Anode und einer Kathode ein elektrisches Feld im Gewässer aufgebaut, in dem sich aquatische Organismen positiv galvanotaktisch auf die Anode zu bewegen. Im Nahbereich der Anode fallen sie in eine Galvanonarkose (Abb. 24) und können so mit dem Kescher gefangen und entnommen werden. Der Effekt der Galvanonarkose wird übrigens auch zur Narkotisierung von Fischen mit Elektrosedationsgeräten genutzt (Kap. 7.2.5).

In bewatbaren Gewässern bis zu einem Meter Tiefe werden batteriebetriebene, tragbare Elektrofischereigeräte eingesetzt (Abb. 25). Tiefere Gewässer werden vom Boot aus mit leistungsstarken generatorbetriebenen Geräten befischt (Abb. 26). Der wesentliche Vorteil der Elektrofischerei gegenüber anderen Fangmethoden besteht in der Möglichkeit, binnen kurzer Zeit ein breit gefächertes Artenspektrum von Fischen unterschiedlicher Größen fangen zu können. Außerdem ist sie vergleichsweise schonend, denn bei fachgerechter Ausführung werden die Fische physisch nicht geschädigt (HALSBAND & HALSBAND 1975, BANKSTAHL 1991). Auch wird der beim Fang unvermeidliche Stress vergleichsweise rasch wieder abgebaut, so dass die potenziellen Probanden bereits nach wenigen Stunden keine Verhaltensauffälligkeiten mehr zeigen (ADAM & SCHWEVERS 1999). Dies gilt gleichermaßen für gepulsten, wie für kontinuierlich fließenden Gleichstrom, auch wenn gelegentlich Vorbehalte gegenüber Impulsstrom geäußert werden (OCHEL et al. 1998, RÜMMLER et al. 1998). Für den Fang von Krebsen wird die Elektrofischerei oft als ungeeignet eingestuft, weil diese unter dem Einfluss von Strom dazu neigen, ihre Gliedmaßen abzuwerfen (BOHL 1989, DEHUS 1997). Neuere Untersuchungen von RÜMMLER et al. (2011) zeigen jedoch, dass eine solche Schädigung bei ordnungsgemäßer Anwendung moderner Elektrofischereigeräte nicht auftritt.

Auch die Elektrofischerei unterliegt gewissen methodischen Restriktionen. So sinkt die Fangeffektivität mit steigendem Abfluss und zunehmender Trübung. Auch bei niedrigen Wassertemperaturen verringert sich der Fangerfolg, weil Fische, Neunaugen und Krebse als wechselwarme Tiere

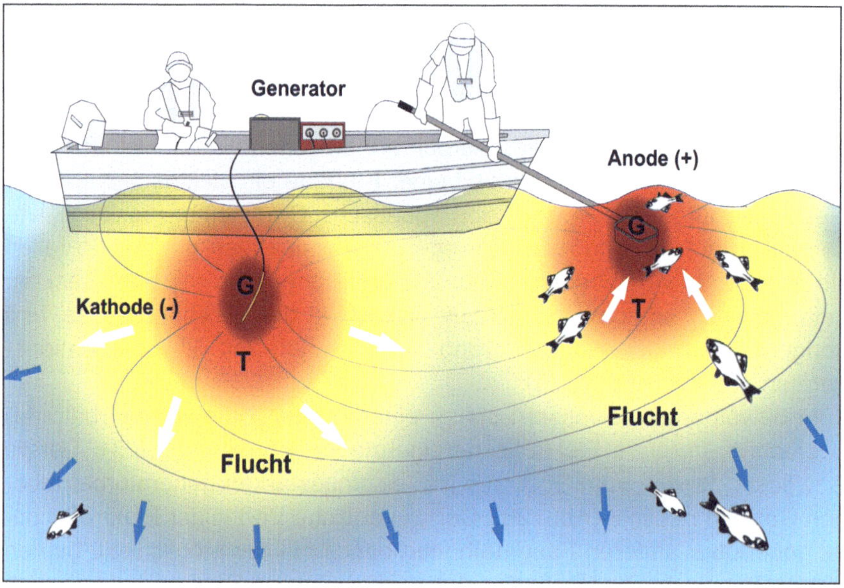

Abbildung 24: Prinzip der Wirkung elektrischer Felder auf Fische (G = Galvanonarkose; T = Taxis)

kaum noch auf das elektrische Feld reagieren und sich tendenziell in strömungsberuhigte, tiefere Gewässerabschnitte zurückziehen, in denen sie für den Elektrofischer nicht mehr erreichbar sind.

Gemäß der Fischereigesetze und -verordnungen der Bundesländer darf die Elektrofischerei nur von entsprechend ausgebildeten, legitimierten und versicherten Personen mit TÜV-geprüften Geräten durchgeführt werden. Zudem muss bei der zuständigen Fischereibehörde eine Ausnahmegenehmigung eingeholt werden, was in der Regel die Vorlage einer schriftlichen Einverständniserklärung der vor Ort betroffenen Fischereirechtsinhaber bzw. Fischereiausübungsberechtigten voraus setzt. Deren Erlaubnis für die Entnahme von Fischen muss ebenfalls vorliegen, da sonst der Straftatbestand der Fischwilderei erfüllt ist. Eine tierschutzrechtliche Genehmigung hingegen ist nicht erforderlich.

Abbildung 25: Elektrobefischung mit batteriebetriebenen, tragbaren Fanggeräten

Abbildung 26: Elektrobefischung vom Boot aus mit leistungsstarkem Generator

5.3 Transport

Unabhängig von ihrer Herkunft müssen Krebse, wie auch Neunaugen und Fische stets auf schnellstem Weg an den Ort transportiert werden, wo sie als Versuchstiere eingesetzt werden sollen. Um die Transportzeit auf ein unumgängliches Maß zu begrenzen, sollten sie möglichst in räumlicher Nähe zum Ort der Untersuchung gefangen bzw. beschafft werden. Ist dies nicht möglich, müssen geeignete Transportmethoden zum Einsatz kommen. Der Transport sollte grundsätzlich in demselben Wasser erfolgen, dem die Tiere entnommen wurden.

5.3.1 Krebse

Sind nur wenige Krebse über einen Zeitraum von maximal fünf Stunden zu transportieren, werden diese in geringer Dichte in Styroporkästen gesetzt und mit tropffeuchten Tüchern bedeckt. Alternativ dazu können die Transportkisten auch mit nasser Holzwolle befüllt werden. Während des Transports ist sicher zu stellen, dass sich die Temperatur nicht bzw. nur unwesentlich verändert. Für längere Transporte und/oder viele Individuen empfiehlt sich der Einsatz von belüfteten Transportbehältern, wie sie auch für Fische Verwendung finden (Kap. 5.3.2).

5.3.2 Neunaugen und Fische

Klein- und Jungfische mit einem Individuengewicht bis zu 10 Gramm werden üblicher Weise in Plastiksäcken transportiert, sofern die Transportzeit 10 bis 12 Stunden nicht überschreitet (RAPP 2000, Kraus et al. 2013). Hierzu werden stabile, 50 Liter fassende Plastiksäcke im Verhältnis von etwa einem Teil Wasser einschließlich der darin enthaltenen Fische zu zwei bis drei Teilen mit reinem Sauerstoff aus einer Druckflasche prall gefüllt. Für die Anzahl und das Gewicht der Fische, die auf diese Weise transportiert werden können, gelten die in Tab. 2 und 3 zusammengestellten Richtwerte. Es ist sicher zu stellen, dass sich die Wassertemperatur während des Transportes nicht erhöht. Zudem empfiehlt es sich, die Säcke abzudunkeln, wodurch die Tiere beruhigt werden.

Große und/oder viele Tiere werden stets in einem Transportbehälter befördert, dessen Deckel zwar das Transportgut zuverlässig sichert, aber

Tabelle 2: Richtwerte für einen maximal 10-stündigen Transport von Fischen in 50 Liter-Plastiksäcken mit einer Befüllung mit Wasser und reinem Sauerstoff im Verhältnis von ca. 1:2 bis 1:3

Gilde / Art	**Wassertemperatur**		
	≤ 10 °C	**≤ 15 °C**	**≤ 20 °C**
Kaltwasserarten, z. B. Salmoniden	1,0 kg	0,6 kg	–
Warmwasserarten, z. B. Grasfisch	–	1,25 kg	0,8 kg
Karpfen	–	1,5 kg	1,0 kg
Hecht	0,75 kg	0,5 kg	–

Tabelle 3: Richtwerte für einen maximal 12-stündigen Brütlings- und Setzlingstransport in 50 Liter-Säcken mit einer Befüllung mit Wasser und reinem Sauerstoff im Verhältnis von ca. 1:2 bis 1:3

Familie / Art / Größe		**Wasser-volumen**	**Wasser-temperatur**	**Anzahl Gewicht**
Salmoniden	4 bis 6 cm	15 l	10 °C	500 Stück 800 bis 1.000 g
	6 bis 9 cm	15 l	10 °C	300 Stück 1.000 bis 1.200 g
	9 bis 12 cm	15 l	10 °C	150 Stück 1.300 bis 1.500 g
	12 bis 15 cm	15 l	10 °C	70 Stück ca. 1.800 g
Karpfen	3 bis 4 cm	30 l	12 bis 15 °C	1.500 Stück ca. 1.500 g
Hecht	4 bis 7 cm	15 l	6 bis 8 °C	1.000 Stück 800 bis 1.200 g
Zander	3 bis 5 cm	30 l	10 °C	2.000 Stück ca. 800 g
	6 bis 9 cm	30 l	10 °C	400 Stück ca. 1.200 g
	9 bis 12 cm	30 l	10 °C	150 Stück ca. 1.200 g

Tabelle 4: Richtwerte für die Transportdichte von Fischen in einem offenen Transportbehälter

Familie / Art	Verhältnis Gesamtvolumen [l] zu Fischgewicht [kg]	Wasser-temperatur	Transport-dauer [Stunden]
Salmoniden 1,5 bis 3 g (Brut)	20 : 1	10 bis 12 °C	6 bis 8
Salmonidensetzlinge 10 bis 20 g (Setzlinge)	10 : 1	10 bis 12 °C	6 bis 8
Salmoniden 30 bis 100 g	7 : 1	10 bis 12 °C	6 bis 8
Salmoniden im Sommer 250 bis 1.000 g	5 : 1	10 bis 12 °C	8 bis 10
Salmoniden im Winter 250 bis 1.000 g	4,5 : 1	< 10 °C	3 bis 5
Karpfenbrut vorgestreckt bis 1 g	15 : 1	> 15 °C	5 bis 10
Karpfen 30 bis 100 g	5 : 1	> 12 °C	bis 4
Karpfen 30 bis 100 g	3 : 1	10 bis 12 °C	bis 12

nicht hermetisch abschließt, so dass ein Luft- bzw. Gasaustausch zwischen dem Behälter und dem Außenmedium gewährleistet bleibt (Abb. 27). Richtwerte für die empfohlene Fischdichte enthält Tab. 4.

Während des Transports ist durch regelmäßige Kontrollen sicher zu stellen, dass die Sauerstoffsättigung des Transportwassers annähernd 100 % beträgt und niemals 70 % unterschreitet. Hierzu sind geeignete Belüftungssysteme notwendig, deren Ausströmer in der Regel am Boden des Transportgefäßes installiert sind. Hierfür wird entweder Pressluft zugegeben, die von einer Membranpumpe erzeugt wird, oder es wird reiner Sauerstoff aus einer Druckflasche eingesetzt. In letzterem Falle müssen spezielle, sehr feinporige Ausströmer verwendet werden, um Verätzungen der Kiemen zu vermeiden. Die Wassertiefe im Behälter sollte etwa 1 Meter betragen, damit der Sauerstoff möglichst vollständig von den vom Boden aufsteigenden Gasblasen in den Wasserkörper übergeht.

Bei Fahrten von mehr als 5 Stunden Dauer sollten isolierte Transportbehälter verwandt werden, um eine unerwünschte Erwärmung oder Abkühlung zu verhindern. Auch bei solchen Transporten beruhigt eine Abdunklung des Behälters die beförderten Fische.

Bei längeren Transportzeiten als in Tab. 4 angegeben, muss die Fischdichte entsprechend reduziert werden. Der Transport von Salmoniden und anderen Kaltwasserarten bei Wassertemperaturen von deutlich mehr als 12 °C ist nicht zu empfehlen.

Es ist darauf hinzuweisen, dass Fischtransporte sowohl den Vorschriften der Straßenverkehrszulassungsordnung unterliegen (StVZO 1988), als auch den Beförderungsbestimmungen der europäischen Tierschutztransportverordnung (TierSchTrV 2009) sowie den Gesundheits- und Hygienevorschriften für Tiere aus Aquakulturen (FischSeuchV 2008). Eine Zusammenfassung der einschlägigen Vorschriften geben HARRER (2011) und Kraus et al. (2013). Danach sind u. a. folgende Aspekte zu beachten:

- Kommen professionelle fischereiliche Transportfahrzeuge zum Einsatz, sind die gültigen Sicherheitsvorschriften in der Regel umgesetzt. Werden jedoch kleine Fischmengen transportiert, kann dies unter Anwendung der so genannten Kleinmengen-Regelung erfolgen. Danach dürfen bis zu 1.000 l reiner Sauerstoff und 1.000 kg Wasser auf einem von einem PkW gezogenen Anhänger transportiert werden. Die auf der Ladefläche liegend und sicher festgezurrte Sauerstoffflasche darf nicht über die Konturen des Fahrzeuges hinaus ragen und die Gasleitung muss flexibel sein.
- Die Transportmittel bedürfen einer entsprechenden Sicherung und der Beschilderung „Lebende Tiere". Bei einer Strecke von mehr als 50 Kilometern sind Transportpapiere mitzuführen, die ggf. aus einem Lieferschein bestehen können. Bei mehr als 65 Kilometern ist eine Zulassung des Fahrers als Transportunternehmer erforderlich. In jedem Fall hat der Fahrer die einschlägigen Lenkzeiten einzuhalten.
- Es muss ein tierschutzgerechter Transport sichergestellt werden. Es ist dafür zu sorgen, dass Krebse, Neunaugen und Fische nicht verletzt und ihnen keine vermeidbaren Beeinträchtigungen zugefügt werden. Jeder Transportbehälter muss über ein ausreichendes Wasservolumen und eine ausreichende Sauerstoffversorgung verfügen. Da die Wasserqualität während des Transports kontrolliert werden muss, sind entsprechende Messgeräte mitzuführen.

Abbildung 27: Mit reinem Sauerstoff belüfteter Transportbehälter auf einem PkW-Anhänger

- Durch geeignete Reinigung und Desinfektion der Transportbehälter und Gerätschaften ist Sorge dafür zu tragen, dass keine Fischseuchen übertragen werden.

5.4 Akklimatisierung

Wenn die transportierten Versuchstiere am Ort ihrer Bestimmung eintreffen, müssen sie schonend an die dortigen Lebensbedingungen gewöhnt werden. Da Krebse, Neunaugen und Fische wechselwarme Organismen sind, entspricht ihre Körpertemperatur stets der des umgebenden Wassers. Dies bedeutet, dass ihre Stoffwechselvorgänge temperaturabhängig sind, d. h. dass sich ihre Aktivität bei Abkühlung verringert und bei Aufwärmung erhöht. Während eine rasche Abkühlung vergleichsweise gut toleriert wird, können insbesondere Neunaugen und Fische durch eine allzu rasche Erwärmung geschädigt werden. Dies führt zwar nicht zum sofortigen Tod, doch äußert sich eine temperaturbedingte Belastung des Immunsystems einige Tage nach der Anlieferung z. B. im Ausbruch von Krankheiten oder einer schlagartigen Vermehrung von Parasiten. Deshalb gilt es einen Temperaturschock beim Umsetzen der Tiere aus dem Transportwasser in die Hälterung unbedingt zu vermeiden. Hierzu müssen die Wassertemperaturen kontrolliert und die Tiere ggf. sorgfältig akklimatisiert werden, indem sie in ihrem Transportwasser allmählich abgekühlt oder erwärmt werden. Dies erfolgt am besten durch eine sukzessive Zugabe von Wasser aus der Hälterung.

Aus der Fischerei liegen Empfehlungen vor, wonach beim Besatz von Fischen in natürliche Gewässer bei einer Temperaturdifferenz von bis zu 5 °C eine Angleichung der Wassertemperatur binnen einer Stunde möglich ist (RAPP 2000, SIMON & BRÄMICK 2006). Bei größeren Temperaturdifferenzen ist eine Adaptationsdauer von 30 Minuten pro 2 °C einzuhalten. Grundsätzlich verläuft diese eminent wichtige Prozedur umso schonender, je langsamer die Temperaturangleichung erfolgt. Bei Versuchstieren sollte die Adaptation deshalb nicht so schnell wie möglich erfolgen, sondern deutlich langsamer, und zwar mit maximal 1 °C pro Stunde. Bei Temperaturunterschieden von mehr als 5 °C hat es sich bewährt, Krebse, Neunaugen oder Fische nach dem Transport zunächst ohne weitere Beunruhigung im ausreichend belüfteten Transportbehälter über Nacht am Ort der Versuchsstätte zu belassen. Am nächsten Morgen können die dann ausgeruhten und auf die Umgebungstemperatur akklimatisierten Tiere in die vorbereiteten Hälterbecken umgesetzt werden.

Transport- und Hälterwasser können auch bezüglich anderer chemisch-physikalischer Wasserparameter erheblich voneinander abweichen. Unabhängig von der Temperaturangleichung ist deshalb ein sukzessiver Austausch des Transportwassers gegen das Hälterwasser in jedem Fall erforderlich.

Grundsätzlich sollte den Fischen nach der Adaptation an die Wassertemperatur in den Hälterbecken im Labor eine mindestens eintägige, ungestörte Ruhephase gewährt werden, bevor sie für Experimente eingesetzt werden.

6 Hälterung

6.1 Hälteranlagen für Genetik und Ökotoxikologie

Nicht zuletzt aufgrund der unkomplizierten Haltung kommt dem Zebrabärbling eine herausragende Rolle als Versuchstier in der biomedizinischen und ökotoxikologischen Forschung zu (BRAND et al. 1995). Nachfolgend werden deshalb die speziellen Haltungsanforderungen dieser Art dargestellt, wie sie u. a. von WESTERFIELD (2007) beschrieben wurden. Die standardisierte Hälterung des Zebrabärblings zählt in der Forschung mittlerweile zur guten wissenschaftlichen Praxis, was die Vergleichbarkeit von Untersuchungsergebnissen verbessert und zur Verringerung der Anzahl benötigter Individuen beiträgt.

6.1.1 Infrastruktur

Die Hälterung von Zebrabärblingen erfolgt in der Regel in speziellen, geschlossenen Kreislaufanlagen, in denen eine große Zahl klassischer Glasaquarien im Durchfluss betrieben wird. Die Wasserqualität wird automatisch kontrolliert und konstant gehalten (HARPER & LAWRENCE 1972, REED & JENNINGS 2011, Abb. 28).

Präadulte Zebrabärblinge werden mit etwa 40 Individuen pro Liter Wasser gehalten, während die Dichte geschlechtsreifer Tiere auf 10 Individuen pro Liter Wasser reduziert wird. Entsprechend der Herkunft dieser Art muss die Beleuchtung der Aquarien dem tropischen Tag-Nacht-Rhythmus angepasst sein, d. h. auf eine 14-stündige Tagphase folgt eine 10-stündige Dunkelperiode.

6.1.2 Wasserqualität

Der Zebrabärbling ist im Vergleich zu vielen einheimischen Süßwasserfischen in Hinblick auf die Wasserqualität zwar vergleichsweise anspruchslos, doch erfordert die wissenschaftliche Forschung optimale und vor allem konstante Haltungsbedingungen. Zur Befüllung der Aquarien kann Leitungswasser mit deionisiertem Wasser gemischt werden, um eine Leitfähigkeit von 350 bis 800 µS/cm bei einem pH-Wert um 7,5 einzustellen. Wenn es allerdings erforderlich ist, die Haltungsbedingungen nach wissenschaftlichen Maßstäben zu standardisieren, wird deionisiertem Wasser ein definiertes Gemisch unterschiedlicher Salze und Mineralien zugegeben: 100 mg Seesalz, 268 mg Ca_2Cl x $2H_2O$ und 103 mg $NaHCO_3$ pro Liter. Hierbei ist eine niedrige Leitfähigkeit des Wassers bei gleichzeitig ausreichend hoher Carbonat-Pufferkapazität mit stabilem pH-Wert ein entscheidender Stimulus für die Eiablage. Erfolgt die Haltung von Zebrabärblingen nicht in einer geschlossenen Kreislaufanlage, so muss durch einen täglichen Wasserwechsel von bis zu 25 % des Aquarienvolumens dafür gesorgt werden, dass der Gehalt an Nitrit und Ammoniak niedrig bleibt (WIEGAND et al. 1999, MEINELT et al. 2005). Die Wassertemperatur sollte konstant 26 °C betragen, um eine Verkürzung der Lebenszeit zu vermeiden.

Abbildung 28: Aquakultur zur Hälterung von Zebrabärblingen

6.1.3 *Fütterung*

Juvenile Exemplare sollten, ebenso wie die Elterntiere, bis zu fünf Mal täglich ad libitum eine abwechslungsreiche Nahrung aus gefrorenen Blattfußkrebsen *(Bosmina spec.)*, Trockenmischfutter sowie Nauplien des Salinenkrebses *Artemia salina* erhalten. Die Larven des Zebrabärblings werden zunächst mit Salzwasser-Rotatorien und danach mit Salinenkrebs-Nauplien angefüttert. Zur Verringerung des Algenwachstums sowie zur Eliminierung überschüssigen Futters werden die Süßwasserschnecke *Planorbella spec.* oder der Antennenwels *Ancistrus cirrhosus* als Helferorganismen den Zebrabärblingen in den Aquarien beigesellt.

6.1.4 *Hygiene*

Die Hygiene ist in der biomedizinischen Forschung von eminenter Bedeutung, da insbesondere chronische und asymptomatische Erkrankungen einen Einfluss auf die Untersuchungsbefunde nehmen können. Deshalb liegen bereits seit langem Empfehlungen für die Gesundheitsüberwachung bei der Haltung von Nagetieren, Kaninchen, Katzen, Hunden, Schweinen, Kälbern, Schafen und Ziegen sowie für nichtmenschliche Primaten vor (u. a. VOIPO et al. o. J.). Für den Zebrabärbling befindet sich ein entsprechendes Merkblatt derzeit in Vorbereitung, das sich voraussichtlich eng an die Empfehlungen von REED & JENNINGS (2011) anlehnen wird.

6.1.5 *Fischgesundheit*

Eine ausführliche Zusammenstellung und Beschreibung der häufigsten Krankheiten in der Zebrabärblingshaltung geben KENT et al. (2012) im Internet auf der Homepage des „Zebra fish International Resource Centre“. Ein Infektionsrisiko besteht vor allem durch die Erreger der Mikrosporiose und der Samtkrankheit *Pseudoloma neurophilia* bzw. *Oodinium pillularis,* sowie gegenüber der von *Mycobacterien* hervorgerufenen Fischtuberkulose. Von der FELASA wird für die Hälterung von Zebrabärblingen ein Überwachungsprogramm vorgeschlagen, bei dem analog zum „Sentinel“-Programm bei der Haltung von Nagetieren alle drei Monate aus jeder Einheit etwa 10 Tiere seziert und mikrobiologisch untersucht werden (GV-SOLAS 2009).

6.2 Hälteranlagen für Verhaltensbiologie und Fischökologie

6.2.1 Infrastruktur

Im Rahmen verhaltensbiologischer und fischökologischer Untersuchungen werden häufig Fische, sowie ggf. auch Neunaugen und Krebse unterschiedlicher Arten und Größen als Versuchstiere eingesetzt. Um sie artgerecht und stressfrei zu halten, werden am Ort der Versuchsstätte ausreichend dimensionierte Aquarien oder Becken benötigt. Im Freien sind Hälteranlagen stets an einem beschatteten Ort aufzustellen. Innerhalb von Gebäuden dürfen Hälterbecken nicht in der Nähe von Abluftschächten, Heizungen oder Pumpen installiert werden, um eine unkontrollierbare Erwärmung des Wasserkörpers zu vermeiden. In jedem Fall ist dafür zu sorgen, dass die Tiere nicht durch Störeinflüsse wie Geräusche und Erschütterungen oder Licht beunruhigt werden.

Gehälterte Tiere ziehen stets eine große Aufmerksamkeit auf sich. Es ist jedoch dafür zu sorgen, dass sie nicht zur Schau gestellt werden. Die Hälterbecken müssen gegen den Zugriff Dritter gesichert sein und es ist zu gewährleisten, dass nur diejenigen Personen Zutritt haben, die mit der Betreuung der Tiere beauftragt sind und über die entsprechende Qualifikation verfügen.

Für die Hälterung haben sich in der Fischzucht übliche, aus glasfaserverstärktem Kunststoff gefertigte Langstrombecken bewährt, die eine Länge von ca. 4 Meter und eine Breite von ca. 1 Meter aufweisen und eine Befüllung von ca. 1 Meter Wassertiefe erlauben (Abb. 29). Alternativ können insbesondere für die Hälterung kleinerer Exemplare Rundstrombecken eingesetzt werden, die typischer Weise einen Durchmesser von ca. 2,5 Meter und eine Tiefe von etwa 80 Zentimetern haben, aber auch in anderen Größen erhältlich sind (Abb. 30). Ungeachtet der Form müssen die Hälterbecken stets mit einem Wasserzulauf, einer Kotgrube sowie einem Über- oder Ablauf ausgestattet sein.

Alle Hälterbecken müssen mit lichtdurchlässigen Deckeln, feinmaschigen Netzen oder Gittern gegen ein Herausspringen von Neunaugen und Fischen oder ein Entweichen von Krebsen gesichert werden (Abb. 31). Bei der Aufbewahrung von Aalen ist zu berücksichtigen, dass Exemplare

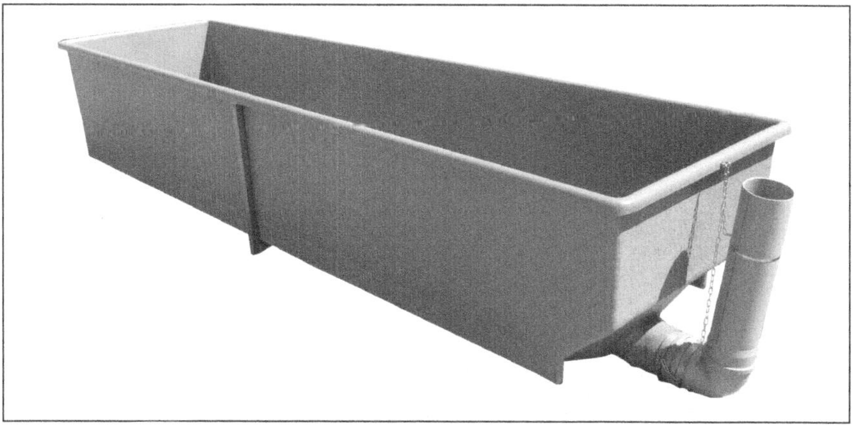

Abbildung 29: Langstrombecken für die Hälterung großer Exemplare

dieser Art selbst kleinste und hoch über der Wasseroberfläche liegende Öffnungen erreichen können und zur Flucht nutzen. Entsprechend muss jeder noch so kleine Spalt ausbruchssicher verschlossen sein. Auch müssen Zu- und Abläufe mit feinmaschigen Netzen oder Gittern einer lichten Weite < 5 Millimeter gegen ein Entweichen besonders schlanker Arten, wie Neunaugen und Aale gesichert werden.

Abbildung 30: Rundstrombecken

Abbildung 31: Zwei mit jeweils einer Filterpumpe belüftete 600 l Becken aus weißen bzw. schwarzem Kunststoff

Hälterbecken, die nicht im Durchfluss betrieben werden können, sind vorzugsweise mit Trinkwasser zu befüllen und zu belüften. Für die Umwälzung und Reinigung des Wassers werden Filterpumpen eingesetzt. Sie gewährleisten gleichzeitig eine ausreichende Belüftung, sofern der Wasserkörper mindestens ein Mal pro Stunde umgewälzt wird. Andernfalls ist eine separate Sauerstoffversorgung erforderlich. Dies erfolgt üblicherweise mit Druckluft, die über wesentlich gröbere Diffusoren als bei der Verwendung reinen Sauerstoffs in das Wasser eingeperlt wird. Sind in der Versuchstätte keine Druckluftleitungen vorhanden, werden elektrisch betriebene Kompressoren, beispielsweise so genannte Seitenkanalverdichter eingesetzt. Hierbei ist sicherzustellen, dass der Kompressor mit kühler Frischluft angeströmt wird und nicht im Bereich einer Heizung oder eines Abluftschachtes aufgestellt ist.

Im Falle ethohydraulischer Untersuchungen hat es sich als zweckmäßig erwiesen, die Hälterbecken an den Wasserkreislauf des Modellgerinnes anzuschließen, in dem die Tests mit den Tieren durchgeführt werden. Auf diese Weise wird den Probanden beim Umsetzen von der Hälterung in den Versuchsstand und zurück eine Umstellung auf einen Wasserkörper anderer chemischer und physikalischer Beschaffenheit erspart. Der Sauerstoffgehalt, die Temperatur und der pH-Wert des Was-

Tabelle 5: Volumenbedarf eines Fisches in der Hälterung zu wissenschaftlichen Zwecken (nach VTV 2010)

Totallänge	Wasservolumen pro Fisch
< 2 cm	1 l
2 bis 5 cm	1,5 l
5 bis 10 cm	2 l
10 bis 15 cm	3 l
> 15 cm	4 l

sers eines jeden Hälterbeckens oder Aquariums sind täglich zu kontrollieren. Die Messwerte sind für den Nachweis gegenüber der Genehmigungsbehörde zu protokollieren. Es ist zu gewährleisten, dass die einschlägigen oder ggf. artspezifischen Grenzwerte für die einzelnen Parameter eingehalten werden. Gemäß den Vorschriften für eine Tierhaltung zu wissenschaftlichen Zwecken sind an allen Hälterbecken außen sichtbare Listen anzubringen, auf denen die Art und Anzahl der gehälterten Tiere, ihre Herkunft sowie der Tag des Fanges und der Anlieferung angegeben sind.

Grundsätzlich gilt, dass das Volumen der Hälterbecken umso größer sein muss, je mehr und je größere Fische eingesetzt werden. Hierbei ist es stets von Vorteil, möglichst große Hältermöglichkeiten bereitzustellen, denn so bleiben die lebenswichtigen Wasserparameter wesentlich stabiler, als in einem kleineren Wasservolumen. Entsprechend geringer ist das Risiko einer unbemerkten Verschlechterung der chemisch-physikalischen Verhältnisse mit der Gefahr, dass die Probanden geschädigt werden oder sterben.

Als Faustformel für die zulässige Dichte von Fischen bei der Hälterung zu wissenschaftlichen Zwecken wurde vom Regierungspräsidium Gießen beispielsweise ein Wert von einem Zentimeter Fischlänge pro Liter Wasser festgelegt. Nach TVT (2010) ist der Volumenbedarf eines Fisches jedoch nur etwa halb so groß (Tab. 5), wobei darauf hingewiesen wird, dass die Einzelhaltung geselliger oder Schwärme bildender Arten nicht tierschutzgerecht ist.

Im Rahmen ethohydraulischer Vorhaben hat sich gezeigt, dass sich in handelsüblichen Langstrombecken mit einem Volumen von 6.000 bis 8.000 Litern nur etwa 100 Fische mit einer Totallänge bis etwa 40 Zentimeter stressfrei und artgerecht halten lassen. Diese in der Praxis erprobte Fischdichte ist wesentlich geringer als die nach TVT (2010) empfohlene. Doch ist hierbei zu berücksichtigen, dass in der Ethohydraulik meist relativ große Fische zum Einsatz kommen und das Gewicht von Fischen mit der Körperlänge exponentiell steigt. Allerdings gibt es auch artspezifische Unterschiede. So lassen sich Aale unbeschadet in wesentlich größerer Dichte halten, beispielsweise bis zu 30 adulte Exemplaren ab 50 Zentimeter Totallänge in etwa 600 Liter Wasser. Dies gilt jedoch nur für eine artenreine Haltung. Werden Aale hingegen in Gemischtartengruppen gehältert, sind die o. a. Werte unbedingt einzuhalten und einer Fischgruppe sollten jeweils nur wenige Aale beigesellt werden, da die anderen Arten unter der starken Schleimproduktion der Aale leiden.

Bei der Hälterung erweisen sich zudem Raubfische wie Flussbarsch, Hecht und Wels als problematisch, da sie vor allem nachts anderen Fischen nachstellen; Artgenossen inbegriffen. Selbst so genannte Friedfische, beispielsweise adulte Karpfen, fressen durchaus kleinere Fische. Bei einer gemeinsamen Hälterung unterschiedlicher Arten und vor allem Größen besteht somit das Risiko, dass der Bestand der Probanden durch Fraßdruck dezimiert und/oder die kleineren Fische durch Bisswunden verletzt werden. Abhilfe können hier untergetauchte Röhren schaffen, die kleinen Arten und juvenilen Fischen Deckung verschaffen und gern als Rückzugsmöglichkeit angenommen werden. Verringern lässt sich das Problem auch durch Einhaltung der o. a. Hälterdichten. Gänzlich vermieden wird es, wenn ausschließlich Fische ähnlicher Größe gemeinsam gehalten werden. Raubfische müssen darüber hinaus einzeln oder in kleinen Gruppen sowie separat von Friedfischen untergebracht werden. Dies kann auch im selben Hälterbecken erfolgen, wenn einzelne Abteile durch unpassierbare Gitter oder Rechen voneinander getrennt sind.

Die Ausstattung einsehbarer Aquarien und Hälterbecken mit Wasserpflanzen mag eine ästhetische Bereicherung darstellen und den Wasserkörper auf natürliche Weise strukturieren. Allerdings benötigen submerse Pflanzen eine ausreichende Beleuchtung, die in Widerspruch zu den Bedürfnissen der gehälterten Fische stehen kann. Zudem sind Wasserpflanzen pflegeintensiv und werden von verschiedenen Fischarten gefressen oder verwüstet. Abgestorbene Pflanzenteile beeinträchtigen die Wasserqualität und behindern nicht zuletzt das Herausfangen der Fische. Insofern haben Wasserpflanzen mehr Nach-, als Vorteile, zumal die Anforderungen an Hältereinrichtungen für aquatische Tiere zu wissenschaftlichen Zwecken nicht mit denen für Schauaquarien gleichgesetzt werden sollten.

Sofern eine Strukturierung des Wasserkörpers z. B. zur Verringerung der inner- oder zwischenartlichen Konkurrenz der Versuchstiere erforderlich ist, empfiehlt sich anstelle von Wasserpflanzen die Einbringung von absinkenden Röhren (Abb. 32), gekammerten Steinen oder Absperrungen aus Maschendraht, die vor dem Herausfangen von Probanden rasch und ohne Verletzungsgefahr für die Tiere entnommen werden können.

6.2.2 Besonderheiten bei Krebsen

Grundsätzlich sind Becken für die Haltung von Krebsen höhlenreich zu strukturieren, z. B. mit Röhren (Abb. 32) und Steinen, um möglichst vielfältige Versteckmöglichkeiten anzubieten. Dies dient der Vermeidung der innerartlichen Konkurrenz, die ihren Ausdruck in der Verstümmelung von Artgenossen bis hin zum Kannibalismus finden kann. Besonders gefährdet sind hierbei in Häutung befindliche Individuen.

Eine spezielle Eigenart von Krebsen ist, dass sie nicht streng an das Wasser gebunden sind, sondern auch auf dem Trockenen jede Gelegenheit nutzen, dem Hälterbecken mit großer Geschwindigkeit und Gewandtheit zu entfliehen. Sie nutzen dabei selbst kleinste Spalten und haben auch keine Probleme damit, senkrechte Betonwände zu erklimmen. Selbst überkragende Vorsprünge bilden keine unüberwindbare Barriere. Deshalb ist es unverzichtbar, Hälterbecken für Krebse sorgfältig mit dicht schließenden Abdeckungen zu sichern.

Ansonsten unterscheiden sich die Haltungsbedingungen für im Süßwasser lebende Krebsarten nicht grundlegend von denjenigen für Neunaugen und Fische. Insofern gelten die Ausführungen der nachfolgenden Kapitel sinngemäß auch für sie, ohne dass darauf jeweils gesondert hingewiesen wird.

Marine Krebsarten hingegen stellen völlig andere Anforderungen an die Hälterung, insbesondere natürlich an die Qualität und Zusammensetzung des Wassers. Diesbezüglich sei auf BAENSCH & DEBELIUS (2006) verwiesen, die auch Angaben zur Fütterung machen.

Abbildung 32: Untergetauchte Röhrenpakete bieten Fischen und Krebsen gleichermaßen Deckung

6.2.3 Wasserqualität

Während der Hälterung ist sicher zu stellen, dass die Anforderungen der Probanden an die wesentlichen Wasserparameter eingehalten sind, damit die Gesundheit und das Verhalten der Tiere nicht durch ungünstige äußere Bedingungen beeinträchtigt werden. Hierbei ist zu berücksichtigen, dass sich die Wasserqualität in Hälteranlagen sehr schnell und aus unterschiedlichen Gründen verändern kann. So resultiert eine Erwärmung des Hälterwassers häufig aus steigenden Lufttemperaturen oder direkter Sonneneinstrahlung, kann aber auch von Heizkörpern oder der Abwärme wassergekühlter Pumpen verursacht werden. Solche Einflüsse sollten nach Möglichkeit von vorne herein durch bauliche oder betriebliche Maßnahmen minimiert werden, denn eine nachträgliche Absenkung der Temperatur erfordert aufwändige Kühltechniken, die an den Versuchsstätten in der Regel nicht zur Verfügung stehen.

Auch Verunreinigungen innerhalb eines Wasserkreislaufs beeinträchtigen aquatische Organismen direkt oder können durch Überbeanspruchung des Immunsystems die Konstitution und Gesundheit der Tiere schädigen und damit sogar zum Tode führen. Beispielsweise können Eisenockerschlämme, Rost und Sinterablagerungen aus lange ungenutzten Rohrleitungen und Wasserbehältern Schäden an den Kiemen hervorrufen. Zement und Kalk bewirken einen Anstieg des pH-Wertes in den basischen Bereich, was die Schleimproduktion fördert und Ursache für Verhaltensänderungen sein kann. Tracerfarbstoffe, die üblicherweise in wasserbaulichen Modellgerinnen zur Veranschaulichung von Strömungsprozessen eingesetzt werden, sind für aquatische Organismen zumeist hochgiftig. Beispielsweise wirkt das aufgrund seiner günstigen Durchmischungseigenschaften und leuchtenden Farbe häufig eingesetzte Kaliumpermanganat ätzend und schädigt damit Haut und Kiemen aquatischer Organismen. Sind z. B. im Rahmen ethohydraulischer Untersuchungen Tracer unverzichtbar, dürfen nur ungiftige Farbstoffe verwendet werden, wie Rote Beete-Saft oder die Lebensmittelfarbstoffe Chinolingelb (E 104, gelb), Amaranth (E 123, rot) und Indigotin (E 132, blau). Ungiftige Trübstoffe im Wasser stören aquatische Tiere zumeist nicht, doch schränken sie die direkten Beobachtungsmöglichkeiten sowie die filmische und photographische Dokumentation ein und stellen ggf. den Sinn des Experimentes in Frage.

Um Gefahren für das Wohlbefinden und die Gesundheit der aquatischen Tiere mit der Folge unerwünschter Beeinträchtigung ihres Verhaltens und ihrer Motivation abzuwenden, ist der Wasserkörper in Hälterbecken, in Versuchsständen und ggf. im gesamten Wasserkreislauf eines Labors unverzüglich auszutauschen, sobald die in der unten stehenden Tabelle gelisteten Werte über- bzw. unterschritten werden oder der Wasserkörper andere stoffliche Einträge erfahren hat.

Über die in Tab. 6 genannten Parameter hinaus lassen sich zahlreiche weitere chemisch-physikalische Parameter analysieren oder gar mit Schnelltests messen. Die meisten dieser Parameter sind jedoch in der Praxis der Fischhälterung von untergeordneter Bedeutung, da die Hälteranlagen in der Regel mit Trinkwasser gespeist werden, so dass ein Eintrag von Schadstoffen nicht zu befürchten steht. Sofern die Vorgaben zur Hälterdichte und Belüftung gemäß Kap. 6.2.1 eingehalten werden, bewegen sich auch die Werte für Ammonium und Nitrit im unkritischen Bereich.

Tabelle 6: Grenzwerte der für aquatische Süßwasserfische essentiellen physikalischen und chemischen Wasserparameter (verändert nach SCHRECKENBACH o. J.)

Parameter	unterer kritischer Wert	Optimalbereich	oberer kritischer Wert
Wassertemperatur für wärmeadaptierte Arten	< 6 °C	18 bis 22 °C	> 25 °C
Wassertemperatur für kälteadaptierte Arten	< 3 °C	12 bis 16 °C	> 20 °C
pH-Wert	< 5,5	6,0 bis 8,5	>10
Sauerstoffsättigung	< 70 %	80 bis 100 %	> 120 %
Sauerstoffgehalt	3 mg/l	> 5 mg/l	> 40 mg/l

Vor diesem Hintergrund werden nachfolgend nur Messmethoden für Wassertemperatur, pH-Wert und Sauerstoff behandelt, also diejenigen Parameter, die bei der Haltung aquatischer Süßwasserorganismen zu Versuchszwecken tatsächlich relevant und aussagekräftig sind. Eine regelmäßige Überwachung dieser Parameter mindestens ein Mal am Tag ist allerdings zwingend erforderlich, um einwandfreie Hälterbedingungen sicher zu stellen.

6.2.3.1 Wassertemperatur

Die Wassertemperatur ist ein Faktor, der im Jahreslauf natürlicherweise starken Schwankungen unterliegt; ihr müssen sich die wechselwarmen Krebse, Neunaugen und Fische anpassen. Hierbei folgt ihre Körpertemperatur der Wassertemperatur, denn diesen Tiergruppen fehlen die physiologischen Mechanismen der Säugetiere und Vögel, um ihre Körpertemperatur konstant zu halten. Deshalb sind die biologischen Vorgänge aquatischer Tiere wie Wachstum und Leistung, aber auch ihre individuelle Befindlichkeit und Motivation sehr stark von der Wassertemperatur abhängig. Entsprechend der in den unterschiedlichen Lebensräumen vorherrschenden Temperaturbedingungen lassen sich aquatische Organismen bezüglich der Temperatur in folgende Gilden unterteilen:

- Bewohner sommerkühler Oberläufe, in denen die Wassertemperatur 16 °C selten und dann nur geringfügig und kurzzeitig überschreitet, z. B. Bachneunauge, Bachforelle, Äsche und Flusskrebs.
- Bewohner sommerwarmer Gewässer, in denen eine Wassertemperatur von 20 °C während des Sommers deutlich und anhaltend überschritten wird. Solche Lebensräume in den Flüssen werden bevorzugt von Cypriniden wie dem Karpfen besiedelt, der sich nur unter solchen Temperaturbedingungen reproduziert.

Allerdings ist das Temperaturregime vieler Flüsse anthropogen beeinflusst. Erwärmungen verursachen z. B. die Kühlwässer thermischer und nuklearer Kraftwerke, Sümpfungswässer aus Braunkohle-Tagebauen oder Einleitungen aus Kläranlagen. Eine unnatürliche Erniedrigung der Wassertemperatur wird vor allem durch die Abläufe von Talsperren erzeugt, aus denen kaltes Tiefenwasser in die Gewässer fließt.

An allmähliche Temperaturschwankungen, wie sie auch in ihrem natürlichen Lebensraum auftreten, können sich aquatische Tiere gut anpassen. Auf plötzliche Änderungen hingegen reagieren sie vergleichsweise empfindlich. So haben Temperaturabsenkungen von mehr als 10 °C innerhalb ein bis zwei Wochen unspezifische Todesfälle zur Folge oder lösen bei Warmwasserarten Haut- und Darmerkrankungen oder sogar Bauchwassersucht aus. An wärmere Temperaturen passen sich Fische um den Preis eines höheren Energiebedarfs in vergleichsweise kurzer Zeit an. Allerdings verlieren beispielsweise Karpfen durch eine Temperaturerhöhung von 3 auf 20 °C in zwei Wochen bis zu 50 % ihres Körperfettes (SPANGENBERG & SCHRECKENBACH 1984). Eine Messung der Wassertemperatur ist im Rahmen von Kontrollen der Wasserqualität unverzichtbar und kann mit einem physikalischen oder elektronischen Thermometer einfach, schnell und präzise bewerkstelligt werden.

6.2.3.2 pH-Wert

Der pH-Wert ist das Maß für den Gehalt an Wasserstoffionen im Wasser, d. h. er gibt an, ob eine Flüssigkeit sauer oder alkalisch (basisch) ist. Die Skala für den pH-Wert reicht von 0 bis 14, wobei pH 7 den Neutralpunkt markiert: Ein saurer pH-Wert liegt unter 7; ein basischer pH-Wert hingegen darüber. Der pH-Wert von Trinkwasser liegt um 7, ist also annähernd neutral.

Tabelle 7: Optimalbereich und kritischer Bereich einiger Fischarten und ihrer Entwicklungsstadien hinsichtlich der Wassertemperatur

Art	Optimalbereich	kritischer Bereich
Äsche, adult	16 °C	> 25 °C
Bachforelle	14 °C	> 20 °C
Karpfen, adult	21 bis 25 °C	> 34 °C
Regenbogenforelle, präadult	16 °C	> 22 °C
Regenbogenforelle, adult	12 bis 16 °C	> 24 °C
Schleie, adult	21 bis 25 °C	> 32 °C

Der pH-Wert ist eine wichtige Kenngröße zur Beurteilung der Wasserqualität als Lebensmedium für aquatische Organismen (Tab. 8), zumal er nicht nur direkte Auswirkungen auf die Gesundheit der Organismen hat, sondern in vielen Fällen die Schädlichkeit anderer Wasserinhaltsstoffe beeinflusst, beispielsweise von Ammoniak und Eisen.

Natürlicherweise sauer sind stehende und fließende Gewässer z. B. durch den Eintrag von Huminsäuren aus Heide- und Moorgebieten oder wenn sie in ausgedehnten Nadelwaldgebieten liegen. Auch ist regional eine Ansäuerung von Gewässern z. B. nach der Schneeschmelze oder durch sauren Regen als Folge der Luftverunreinigung zu verzeichnen. Normalerweise deutet jedoch ein pH-Wert unter 6,5 auf säurehaltige Belastungen hin. Natürlicherweise basisch sind kalkhaltige Fließgewässer oder stehende Gewässer mit starker Planktonentwicklung. Überschreitet der pH einen Wert von 8, so besteht der Verdacht auf alkalische Einleitungen, z. B. von Waschwasser, Kalkwasser, Carbid- oder Betonschlämmen.

Eine Veränderung des pH-Werts hat für aquatische Organismen fatale Folgen. So greift saures Wasser nicht nur die Kalkschalen von Muscheln und Schnecken, sondern auch den Panzer von Krebsen an. Ferner wird die Giftigkeit verschiedener Schadstoffe für Fische verstärkt. In versauerten Gewässern ist darüber hinaus der Gehalt an Aluminium oft stark erhöht, da dieses Metall durch Säuren aus dem Gestein herausgelöst

Tabelle 8: Toleranzbereich einiger Fischarten gegenüber dem pH-Wert

Art	Toleranzbereich
Fischbrut	6,5–8,0
Flussbarsch	4,0–10,8
Forelle	4,0–10,8
Hecht	4,4– 9,4
Karpfen	4,7–10,8
Lachs	6,5–7,5
Schleie	4,4–9,4

wird. Die Symptome von pH-Schädigungen bei Fischen sind vielfältig und reichen von Verhaltensauffälligkeiten über äußerlich sichtbare Veränderungen der Schleimhaut und Kiemenverätzungen, Entwicklungsschäden bzw. -störungen bis zum Tod. Starke Sprünge des pH-Werts in beiden Richtungen sowie anhaltende Werte unter pH 5 und über pH 8,5 werden von kaum einer Fischart toleriert, ohne dass Schäden auftreten.

Der pH-Wert lässt sich mit einfachen Methoden, auch ohne den Einsatz teurer elektronischer Geräte, so genannter pH-Meter, schnell und zuverlässig ermitteln. Er ist bei Wasserkontrollen grundsätzlich mit zu erfassen. Beim Kauf von Teststreifen oder kolorimetrischen Tests ist darauf zu achten, dass das jeweilige Testverfahren für Süßwasser gilt und einen Empfindlichkeitsbereich von etwa pH 5 bis 10 abdeckt. Weil pH-Werte jenseits dieser Grenzen von aquatischen Organismen ohnehin nicht vertragen werden, ist auch eine messtechnische Abdeckung derartiger Extremwerte überflüssig.

6.2.3.3 Sauerstoff

Während Algen und höhere Wasserpflanzen mit Hilfe der Energie des Sonnenlichts tagsüber mittels Photosynthese selber Sauerstoff produzieren, sind Atmung betreibende, tierische Organismen essentiell auf einen ausreichenden Sauerstoffgehalt im Wasser angewiesen. Deshalb ist der Gehalt an gelöstem Sauerstoff im Wasser eine wesentliche Voraussetzung für das Überleben von Krebsen, Neunaugen und Fischen: Steht zu wenig Sauerstoff zur Verfügung, droht der Tod durch Ersticken.

Es ist eine physikalische Gesetzmäßigkeit, dass im Wasser umso mehr Sauerstoff gelöst und gebunden werden kann, je niedriger die Temperatur ist. Der Eintrag von Sauerstoff in natürliche Gewässer erfolgt vor allem über die Wasseroberfläche aus der Atmosphäre. Demnach ist der Sauerstoffgehalt turbulent fließender, kalter Oberläufe natürlicherweise höher, als in Stillgewässern oder träge fließenden Flussunterläufen, die sich zudem stärker erwärmen.

Entsprechend dem Charakter ihres natürlichen Lebensraumes haben die verschiedenen Organismen und Arten physiologische Anpassungen an die jeweiligen Sauerstoffverhältnisse entwickelt, indem z. B. die sauerstoffbedürftige Bachforelle in sommerkühlen Oberläufen anzutreffen ist, während der Karpfen natürlicher Weise wärmere und damit sauerstoffärmere Flussregionen besiedelt (Tab. 9).

Die Wasseroberfläche in Hälterbecken ist in der Regel begrenzt, so dass der physikalische Eintrag allein nicht ausreicht, um die gehälterten Tiere mit Sauerstoff zu versorgen. Folglich muss der Wasserkörper mittels Umwälzpumpen oder Druckluft belüftet werden. Grundsätzlich ist hierzu auch reiner Sauerstoff aus Druckflaschen geeignet, doch ist in diesem Falle die Sauerstoffsättigung permanent und streng zu kontrollieren, denn es kann leicht eine schädliche Übersättigung des Wassers eintreten. Dies ist unbedingt zu vermeiden, denn bereits bei einer Sauerstoffanreicherung über etwa 120 % können die empfindlichen Kiemen aquatischer Organismen verätzt werden.

Wenngleich der Sauerstoffgehalt im Wasser ohne den Einsatz elektronischer Messgeräte nur mühsam und verhältnismäßig unzuverlässig zu ermitteln ist, ist diese Kenngröße für die Lebensbedingungen aquatischer Tiere von eminenter Bedeutung und muss regelmäßig kontrolliert werden. Der im Wasserkörper enthaltene Sauerstoff wird auf zwei Arten angegeben:

- Sauerstoffgehalt, d. h. die Menge des im Wasser gelösten Sauerstoffs in [mg/l].
- Sauerstoffsättigung; d. h. der Gehalt an Sauerstoff in [%] in Abhängigkeit von der Wassertemperatur.

Tabelle 9: Sauerstoffbedarf einiger Fischarten

Art	Toleranzbereich	Anmerkung
Salmoniden	9,2–11,5 mg/l	Optimalbereich
	< 5,0 mg/l	tödlich bei Temperaturen über 16 °C
Karpfen	5,0–9,0 mg/l	Optimalbereich
Schleie	< 5,0 mg/l	stellen darunter die Nahrungsaufnahme ein
	< 3,0 mg/l	tödlich

Elektronische Sauerstoff-Sensoren erfassen beim Messvorgang zusätzlich die Wassertemperatur und berechnen aus dem gemessenen Sauerstoffgehalt automatisch auch die Sauerstoffsättigung. Bei titrimetrischen Schnelltests, bei denen der Wasserprobe zur Bestimmung des Sauerstoffgehaltes Chemikalien zugesetzt werden müssen, erfolgt dies umständlich und wenig präzise mit Hilfe einer Tabelle. Diese gibt an, bei welcher Wassertemperatur der Sauerstoffgehalt einer 100 %-igen Sättigung entspricht, so dass der gemessene Sauerstoffgehalt [mg/l] per Dreisatz in Sauerstoffsättigung [%] umgerechnet werden kann.

6.2.4 Fütterung

Bei adulten Neunaugen erübrigt sich eine Fütterung, zumal die ins Süßwasser aufwandernden Meer- und Flussneunaugen ihren Verdauungstrakt weitgehend rückbilden und gar nicht mehr in der Lage sind, Nahrung aufzunehmen. Ähnlich ist die Situation bei adulten Bachneunaugen (Kap. 4.2). Deshalb müssen adulte Neunaugen über die Zeit eines Versuchsvorhabens bis zu ihrer Entlassung in die Freiheit zwangsläufig fasten. Speziell die Laichtiere von Fluss- und Meerneunauge haben allerdings für ihre Wanderungen erhebliche Fettreserven angelegt, so dass mit ihnen bis zu zwei Wochen lang experimentiert werden kann, ohne dass die Tiere einen Leistungsabfall erkennen lassen.

Neunaugenlarven wachsen sehr langsam und haben einen geringen Nahrungsbedarf. Eine optimale Ernährung ist deshalb sichergestellt, wenn sie gemeinsam mit Fischen gehältert werden, denn sie ernähren sich von Schwebstoffen, z. B. Futterresten und Detritus, die sie aus dem Wasserkörper herausfiltern.

Krebse und Fische hingegen sind in der Hälterung täglich zu füttern. Auch sie verfügen zwar über Fettreserven, doch führt die stressbedingte Zehrung unweigerlich zu einer Schwächung des Organismus. Dies geht letztlich auf Kosten der Motivation, des Leistungsvermögens und schließlich der Gesundheit des Tieres. Aus Zuchtbetrieben oder Aquakulturen stammende Fische sind an die Fütterung mit Trockenfutter gewöhnt. Ihnen kann deshalb an einer Versuchsstätte problemlos dasselbe Futtermittel angeboten werden, von dem lediglich das benötigte Quantum beschafft und trocken sowie vor Futterschädlingen sicher gelagert werden muss.

Krebse und Wildfänge von Fischen hingegen nehmen kein künstliches und/oder getrocknetes Fischfutter in Form von Flocken oder Pellets an. Krebse sind zwar Allesfresser, verschmähen unter Hälterbedingungen aber selbst frische pflanzliche Kost. Wildfischen und Krebsen muss deshalb Frischfutter verabreicht werden. Bewährt hat sich hierbei gefrostetes Futter, das z. B. in Form von Zuckmückenlarven (Chironomiden) oder Schlammröhrenwürmern (Tubifex) im Aquarienhandel zu beziehen ist. Zu beachten ist, dass solches Futter binnen kürzester Zeit in Fäulnis übergeht und die Wasserqualität im Hälterbecken beeinträchtigt. Folglich darf jeweils nur so viel gefüttert werden, wie von den Fischen bzw. Krebsen sofort aufgenommen wird und es darf keinesfalls länger aufgetautes Futter verabreicht werden. Deshalb wird an der Versuchsstätte eine Tiefkühleinrichtung für die Futterbevorratung benötigt. Die Fütterung von Raubfischen lässt sich relativ problemlos bewerkstelligen, indem ihnen Kleinfische beigesellt werden.

6.2.5 Hygiene

In der Fischökologie und Verhaltensbiologie sind in der Regel nicht die gleichen hygienischen Standards erreichbar, wie unter Laborbedingungen (Kap. 6.1). Da feuchte und benetzte Medien ein idealer Nährboden für Keime aller Art sind, ist aber auch hier auf größtmögliche Sauberkeit zu achten. Der Fußboden ist nach Möglichkeit trocken zu halten. Lässt sich dies nicht realisieren, sollten zumindest Desinfektionsmatten im Zugang zur Hälterung ausgelegt sein.

Alle Hälterbecken sind täglich durch Absaugen von Kot und Futterresten zu reinigen. Sofern die Hälterung nicht im Kreislauf mit einem dazwischen geschalteten Filter betrieben wird, ist etwa alle zwei bis drei Tage ein Wasserwechsel vorzunehmen, bei dem mindestens 5 % des Wasservolumens pro Hälterbecken gegen Frischwasser ausgetauscht werden. Die Temperatur des Frischwassers darf dabei maximal um 5 °C von derjenigen im Hälterbecken abweichen. Andernfalls muss die Zugabe in kleinen Volumina und über einen längeren Zeitraum so erfolgen, dass sich die Wassertemperatur im Hälterbecken nicht wesentlich ändert. Zur Abtötung von Krankheitserregern im Hälterwasser kann UV-Licht eingesetzt werden. Hierfür ist jedoch ein separates Wasserreservoir notwendig, weshalb diese Desinfektionsmethode in der Regel nur in Kreislaufanlagen eingesetzt wird. Das Abwasser aus einer Fischhälterung wird der Kanalisation zugeführt. Verendete Tiere sind je nach Anfall unter Beachtung der einschlägigen Hygienestandards zu entsorgen.

Fanggeräte wie Kescher sind nach jedem Gebrauch an einem luftigen Ort zu trocknen, um Keime abzutöten. Sie sind stets so aufzubewahren, dass der Fangsack nicht in Kontakt mit dem Boden kommt. Ist eine vollständige Trocknung des Netzgewebes z. B. aufgrund oftmaligen Gebrauchs nicht möglich, sollte es regelmäßig desinfiziert werden. Geeignete Desinfektionslösungen mit bakterizider, fungizider und algizider Wirkung werden beispielsweise für den Einsatz in Fischzuchten angeboten. Mit anderen Arbeitsgeräten ist analog zu verfahren.

Arbeitsflächen sind möglichst trocken zu halten und nach Benutzung mit alkoholischen Lösungen zu reinigen. Alle für operative Eingriffe benötigten Instrumente sind in einer Instrumentenwanne, vorzugsweise mit einem Abtropfkorb in einer desinfizierenden Flüssigkeit einzulegen und anschließend in vollständig getrocknetem Zustand aufzubewahren.

6.2.6 *Fischgesundheit*

Im Falle des Ausbruchs von Erkrankungen bei aquatischen Versuchstieren sehen sich Tierpfleger und Versuchsdurchführende gleich mit mehreren Problemen konfrontiert:

Viele potenziell pathogene Bakterien und Pilze sowie Fischparasiten können längere Zeit außerhalb des Fischkörpers überdauern. Einige sind gar nur fakultative Krankheitserreger und natürliche Mitglieder der Artengemeinschaft eines Gewässers. Sie befallen Fische nur dann, wenn diese gestresst, geschwächt oder verletzt sind. Kommt eine Krankheit oder Parasitose zum Ausbruch, stellt sich deshalb primär nicht die Frage nach dem Erreger und dem Infektionsweg, sondern nach den Gründen, warum die Kondition der Tiere so beeinträchtigt war, dass ihre Immunabwehr versagt hat und die Krankheit ausbrechen konnte. Häufige Ursachen sind die Hälterbedingungen, das Futter oder der Stress infolge der Handhabung der Tiere in der Hälterung und im Rahmen der Experimente.

Viele durch Viren oder Bakterien hervorgerufene Erkrankungen haben sehr ähnliche Symptome, was eine exakte Diagnose erschwert, zumal nur sehr wenige Veterinärmediziner über ein fischkundliches Spezialwissen verfügen. Zudem kann sich der Verlauf einer Erkrankung z. B. infolge einer multiplen Infektion so heterogen entwickeln, dass eine präzise Diagnose kaum möglich ist und damit auch keine gezielte Therapie erfolgen kann.

Erkrankungen und Parasitosen brechen in der Regel plötzlich aus und sind häufig so ansteckend, dass der ganze Versuchstierbestand innerhalb kürzester Zeit erkrankt. Oberstes Gebot ist es deshalb, Krankheiten so früh wie möglich zu erkennen und infizierte Einzeltiere unverzüglich von den anderen Probanden abzusondern und in Quarantäne zu halten.

Für den Zierfischbereich stehen Medikamente zur Verfügung, die gegenüber verschiedenen Fischkrankheiten durchaus wirksam sind. Sie dürfen jedoch nur dann eingesetzt werden, wenn die behandelten Tiere später keinesfalls dem menschlichen Verzehr zugeführt werden. Bei Versuchstieren, die nach dem Experiment wieder in die Freiheit entlassen werden, besteht deshalb ein akuter Therapienotstand, denn auf dem Markt sind keinerlei amtlich zugelassene Medikamente für Fische und Neunaugen erhältlich, die ja potenziell gefangen und verzehrt werden könnten. Es ist lediglich erlaubt, erkrankte Fische in Salzbädern zu baden oder dem Wasser geringe Konzentrationen Formol beizugeben, was allerdings in den meisten Fällen keine erfolgreiche Behandlung verspricht.

Vor diesem ernüchternden Hintergrund ist es oberstes Gebot bei der Haltung von aquatischen Organismen, stets nur erkennbar gesunde und verhaltensunauffällige Tiere in die Hälterung zu nehmen, möglichst optimale Hälterbedingungen zu gewährleisten und größtmögliche Reinlichkeit walten zu lassen.

Neben der Vielzahl möglicher Erkrankungen, mit denen aus dem Freiland oder aus Fischzuchten stammende Fische behaftet sein können (SCHÄPERCLAUS 1990, BAUR et al. 2010), besteht in Fischhälterungen zu wissenschaftlichen Zwecken erfahrungsgemäß vor allem die Gefahr des Ausbruchs der nachfolgend beschriebenen Krankheiten.

6.2.6.1 Saprolegniose

Durch Sporen von Pilzen der Gattung *Saprolegnia* wird eine Erkrankung hervorgerufen, die Haut und Flossen eines Fisches mit einem schimmel-, bzw. watteartigen Bewuchs überzieht (Abb. 33). Je nach Schwächung des Tieres und der Wassertemperatur breiten sich die befallenen Stellen sehr rasch, d. h. binnen Stunden aus und können geschwürartig aufbrechen, was Folgeinfektionen nach sich zieht. Wird eine Saprolegniose nicht behandelt, führt sie rasch zum Tode. Zwar kann dem Wasser als Präventivmaßnahme 1 Gramm Kochsalz (NaCl) pro Liter zugesetzt werden, doch tolerieren nicht alle Süßwasserfischarten selbst solche geringen Salzgehalte.

Wenn sich ein späterer Verzehr sicher ausschließen lässt, ist bei Ausbruch einer Saprolegniose der Zusatz handelsüblicher Zierfischmedikamente in das Hälterwasser zu empfehlen. Diese enthalten je nach Hersteller eine Mischung aus verschiedenen Wirkchemikalien, darunter zumeist Malachitgrünoxalat (Stammlösung: 3 Gramm/Liter), Methylenblau (Stammlösung: 1 Gramm/Liter), Acriflavin und FCM (Stammlösung: 3,5 Gramm Malachitgrün und 3,5 Gramm Methylenblau in 1 Liter reinem Formol). Vor der Zugabe in der vom Hersteller angegebenen Dosierung müssen alle Filter aus dem Hälterbecken entfernt werden, da die Wirkstoffe auch die Mikroorganismen töten, die in erwünschter Weise das Filtermaterial besiedeln.

6.2.6.2 *Ichthyophtirius multifiliis*

Die Schwärmerstadien des Ciliaten *Ichthyophtirius multifiliis* befallen vorzugsweise geschwächte Fische. Erkennbar ist die Infektion durch weiße Körnchen, die entweder auf der gesamten Körperoberfläche auftreten oder im fortgeschrittenen Zustand zusammenwachsen und flächige gelbliche Bereiche bilden (Abb. 34). Der Erreger verursacht zunächst Juckreiz, weshalb sich befallene Tiere an Hartsubstanzen scheuern. In fortgeschrittenem Stadium magern die Tiere ab und werden apathisch.

Abbildung 33: Stark verpilzte Bachforelle

Bei nur schwachem Befall kann u. U. eine Salzlösung von 1 Gramm Kochsalz (NaCl) auf 1 Liter Wasser wirksam sein. Bei einem stärkeren Ausbruch ist die Zugabe von Malachitgrün über einen Zeitraum von zwei bis drei Wochen erfolgversprechend. Auch hier sollten die im Zierfischhandel verfügbaren Präparate gemäß den Anweisungen der Hersteller eingesetzt werden. Um die Behandlung zu unterstützen, kann die Wassertemperatur kurzfristig auf mindestens 26 °C erhöht werden. Voraussetzung hierfür ist, dass die befallene Fischart solch hohe Wassertemperaturen auch toleriert.

Abbildung 34: Aal mit Ichthyophtirius-Befall

6.2.6.3 *Glugea anomala*

Cystenbildungen an allen Körperteilen werden nicht selten durch einen intrazellulären Parasiten aus der Gruppe der Microsporidien, *Glugea anomala* hervor gerufen (Abb. 35). Der Einsatz von Antimycotica könnte bei einem Befall zwar helfen, doch sind solche Medikamente für die Behandlung von Fischen nicht zugelassen und nicht verfügbar.

Abbildung 35: Dreistacheliger Stichling mit Glugea anomala

6.2.6.4 Infektiöse Bauchwassersucht

Durch Bakterien der Gattungen *Aeromonas* und *Pseudomonas* wird die infektiöse Bauchwassersucht hervorgerufen, die verhältnismäßig leicht am aufgedunsenen Bauch des Fisches zu erkennen ist (Abb. 36). Da-

Abbildung 36: An Bauchwassersucht verendeter Karpfen

neben treten weitere, unspezifischere Symptome auf, wie Glotzaugen, blasse Kiemen, entzündeter und hervor gestülpter After etc. Die Atmung des Fisches ist beschleunigt und er dümpelt apathisch an der Wasseroberfläche oder dem Gewässergrund umher. Im Endstadium versagt die Nierentätigkeit. Die Erkrankung kann in der Regel nur im Anfangsstadium durch Verabreichung von Nifurpirinol, unterstützt durch 2 bis 5 Gramm Kochsalz pro Liter Wasser geheilt werden.

6.2.7 Kontrolle und Wartung der Hälterung

Alle Hältereinrichtungen mit aquatischen Organismen müssen mindestens einmal täglich, auch an Wochenenden und Feiertagen kontrolliert werden. Zu prüfen und für einen Nachweis zu protokollieren sind:

- Der technische Zustand der Hältereinrichtungen, wie Zu- und Ablauf, Belüftung und Filter, ggf. Kühlung resp. Heizung.
- Die chemische und physikalische Qualität des Wasserkörpers.
- Der hygienische Zustand der Hälterung sowie aller Gerätschaften, die mit aquatischen Tieren in Kontakt kommen, einschließlich der Sauberkeit und korrekten Lagerung des Futters.
- Der gesundheitliche Zustand der gehälterten Tiere.

Sofern nicht ohnehin Bestandteil des Berichts über das Forschungsvorhaben, sind die Kontrollprotokolle mehrere Jahre lang aufzubewahren und auf Verlangen der Genehmigungsbehörde vorzuweisen.

7 Narkose

Sowohl in der Labor- als auch in der Freilandforschung ist es für verschiedene Untersuchungen und Methoden unabdingbar aquatische Organismen zu sedieren, d. h. ruhig zu stellen oder gar zu narkotisieren. Eine Sedierung ist beispielsweise erforderlich, um kapitale und/oder mit spitzen Zähnen bewehrte Exemplare ruhig zu stellen, damit eine biometrische Vermessung oder die Gewinnung von Geschlechtsprodukten für Tier und Mensch gleichermaßen schonend durchgeführt werden kann (Abb. 37 und 38). Ziel der Narkose ist es, das Nervensystem für die Dauer eines operativen Eingriffs zu dämpfen, damit das Tier sein Bewusstsein verliert und keine Schmerzen empfindet (KÖLLE & HENKE 2004).

Abbildung 37: Die Vermessung eines kapitalen, sich stark windenden und sehr schleimigen Longfin-Aals ist ohne vorherige Immobilisierung kaum schonend zu bewerkstelligen

Abbildung 38: Auch Untersuchungen an bissgefährlichen Arten, z. B. diesem Wels, der im Maul viele polsterartig angeordnete Reihen spitzer und rachenwärts gebogener Zähne trägt, erfordern eine Sedierung

7.1 Phasen der Narkose

Die Narkotisierung von Neunaugen und Fischen verläuft in verschiedenen Phasen (McFARLAND & KLONTZ 1969, PUND 2012), die sich je nach Art und Konstitution des Individuums nur mehr oder weniger gut voneinander differenzieren lassen (Tab. 10):

- In der Einleitungsphase wird das Tier immobilisiert. Bis das Neunauge oder der Fisch im Narkosebad erkennbar taumelt, zu Boden sinkt und schließlich auf die Seite kippt, reagiert er noch mit hektischem oder ruckartigem Umherschwimmen auf taktile Reize, z. B. einem Klopfen gegen die Wanne. Diese Fluchtreaktionen werden mit der Vertiefung der Sedation allmählich schwächer. Die Atmung wird flacher, während je nach Narkosemittel die Frequenz des Kiemendeckels (Operculum) nochmals kurzzeitig ansteigen kann oder Schnappatmung auftritt.

- Die Toleranzphase kann ohne Gefährdung des Fisches längere Zeit aufrechterhalten werden. Er liegt hierbei auf der Flanke oder schwimmt auf dem Rücken, während sich die Flossen nicht mehr bewegen. Die Atmung ist so flach, dass sie kaum noch zu erkennen ist. Der Fisch reagiert nicht mehr auf externe und selbst schmerzhafte Reize; allenfalls schnappt er einige wenige Male nach Luft. In diesem Stadium der Narkose sind chirurgische Eingriffe möglich.
- Durch Umsetzen in Frischwasser kann jederzeit die Aufwachphase eingeleitet werden, in der das Tier allmählich wieder zu seiner normalen Verhaltensweise zurückkehrt.
- Wird die Toleranzphase überschritten, tritt das Tier in ein irreversibles Narkosestadium ein, in dem das Herz-Kreislauf-System versagt und es zum völligen Atemstillstand kommt, was zwingend den Tod zur Folge hat. Aus diesem Stadium kann der Fisch auch bei Verabreichung sauerstoffübersättigten Wassers nicht mehr wiederbelebt werden.

Grundsätzlich gilt bei der Narkose aquatischer Organismen, dass die Einleitungs- und Toleranzphase sowie die Aufwachzeit unterschiedlich schnell und bei verschiedenen Konzentrationen des jeweils verwendeten Narkotikums eintreten. Wesentliche Einflussfaktoren sind hierbei vor allem die Art, das Körpergewicht und die Größe des Individuums, sein Gesundheits- und Ernährungszustand sowie nicht zuletzt chemisch-physikalische Parameter wie Wassertemperatur und Sauerstoffgehalt. Bei den Angaben zur Wirkkonzentration der nachfolgend aufgeführten Verfahren und Substanzen kann es sich deshalb nur um grobe Richtwerte handeln. In jedem Fall sollten die für eine Narkose vorgesehenen Fische 12 bis 24 Stunden ausgenüchtert werden, um zu vermeiden, dass die Tiere in das Narkosebad erbrechen, was die gegen Säure empfindlichen Kiemen schädigen kann.

Tabelle 10: Phasen der Narkose bei Neunaugen und Fischen

<table>
<tr><th colspan="3">Normales Verhalten</th></tr>
<tr><td colspan="3">Aktives Umherschwimmen in Dauer- oder gesteigerter Geschwindigkeit, ruhige und gleichmäßige Atemfrequenz der Kiemenöffnungen bei Neunaugen bzw. des Operculums bei Fischen, Augen- und Stellreflex sind vorhanden, externe Reize wie eine Berührung des Tieres oder ein Klopfen gegen den Behälter lösen unmittelbar und ggf. heftige Fluchtreaktion aus.</td></tr>
<tr><th>Phase</th><th>Ebene</th><th>physiologische Anzeichen und Verhalten</th></tr>
<tr><td rowspan="2">Einlei-
tungs-
phase</td><td>Sedation</td><td>▪ Gleichgewicht wird gehalten und Atemfrequenz scheint normal
▪ Aktivität und Aufmerksamkeit sind allerdings reduziert
▪ Reaktionen auf äußere Reize werden schwächer und/oder erfolgen verzögert</td></tr>
<tr><td>Anästhesie</td><td>▪ Fisch wirkt benommen
▪ zunehmender Verlust des Gleichgewichts; der Fisch taumelt
▪ vereinzelt ruckartige Sprints und Sprungbewegungen
▪ zunehmend geringere Reaktion auf Berührung
▪ herabgesetzte, aber regelmäßige Atmung; unterbrochen von Schnappatmung</td></tr>
<tr><td>Toleranz-
phase</td><td>chirurgische Anästhesie</td><td>▪ Fisch ist bewusstlos
▪ kein Stellreflex; Fisch kippt in Seitenlage und/oder schwimmt mit der Bauseite an der Oberfläche
▪ keine Reaktion auf externe Reize; Fisch reagiert nicht auf Berührung
▪ kein Augenreflex
▪ keine Kiemenspalten oder Opercularbewegung oder die Atemfrequenz ist schwach und unregelmäßig
▪ Herzfrequenz ist stark herabgesetzt</td></tr>
<tr><td>Aufwach-
phase</td><td></td><td>▪ allmähliche Rückkehr zum normalen Verhalten</td></tr>
<tr><td>Asphyxie</td><td>Tod</td><td>▪ keine Kiemenöffnung oder Opercularbewegung
▪ Herzstillstand</td></tr>
</table>

7.2 Narkosemittel

Operative Eingriffe an Krebsen sind aufgrund des verkalkten, hartschaligen Exoskeletts kaum möglich und offensichtlich besteht auch kaum Interesse daran. Entsprechend liegen keinerlei Informationen über Narkosemittel und -techniken für Krebse vor. Weil sich ihr Nervensystem grundlegend von demjenigen der Wirbeltiere unterscheidet ist auch nicht zu erwarten, dass chemische Substanzen vergleichbar oder gar in ähnlicher Dosierung wirken. Die einzig bewährte Methode, die beispielsweise in der Ethologie erfolgreich angewandt wird, ist eine Immobilisierung von Krebsen durch Herunterkühlen mit Eis.

Auch bezüglich Neunaugen und Fischen liegen nur in begrenztem Umfang abgesicherte Erkenntnisse über schonende und sichere Sedierungs- und Narkosemöglichkeiten vor. Bei der Anwendung der nachfolgend aufgeführten und in der Praxis tatsächlich eingesetzten Verfahren und Substanzen ist deshalb jeweils größte Vorsicht geboten, da die verschiedenen Arten aufgrund ihrer jeweiligen Anatomie und Physiologie sowie ihres artspezifischen Verhaltens sehr unterschiedlich reagieren (NEIFFER & STAMPER 2009). Im Laufe der Zeit wurden immer wieder Chemikalien auf ihre anästhetische Wirkung für Neunaugen und Fische auf folgende Eigenschaften hin getestet (BONNATH 1977):

- schnelle Wirkung mit kurzer Einleitungsphase von maximal 3 Minuten und rascher Aufwachphase von maximal 10 Minuten,
- zuverlässige Immobilisation und Muskelrelaxation bei möglichst vielen Arten und Entwicklungsstadien unterschiedlicher Größen im Sinne einer großen therapeutischen Bandbreite,
- einfach und sicher handhabbare Substanz für den Anwender,
- anästhetische Wirkung gut steuerbar und bei Bedarf nachdosierbar,
- rasche und vollständige Ausscheidung im Sinne einer kurzen Wartezeit, damit Fische möglichst bald nach einer Narkose verzehrt werden dürfen,
- Substanz mit stabiler Lagerfähigkeit und guter Löslichkeit in Wasser, möglichst untoxisch und damit einfach zu entsorgen.

Bedauerlicher Weise sind nur wenige Substanzen bekannt, die diese Anforderungen weitgehend erfüllen, sich durch geringe Nebenwirkungen auszeichnen und darüber hinaus für den Einsatz in der Praxis auch unter Feldbedingungen geeignet sind. Einen Überblick über die zur Verfügung stehenden Substanzen und Verfahren gibt Tab. 11; Details sind in Kap. 7.2.1 bis 7.2.6 dargestellt.

Nicht unerwähnt bleiben darf, dass europaweit keine einzige Chemikalie für die Betäubung von Nutz- und Zierfischen sowie anderen aquatischen Organismen zugelassen ist, bei der nicht zumindest Wartezeiten eingehalten werden müssen, denn schließlich stellt jeder Krebs und Fisch ein potenzielles Nahrungsmittel dar. Es besteht somit das Dilemma, dass einerseits auch aquatische Versuchstiere gemäß Tierschutzgesetz möglichst schonend zu behandeln sind, so dass ihnen keine vermeidbaren Schmerzen und Leiden zugefügt werden, aber andererseits für diese Organismen keine Narkotika arzneimittelrechtlich zugelassen sind oder sich die vorgeschriebenen Wartezeiten zumindest in der Freilandforschung unmöglich einhalten lassen. Insofern bewegt sich jeder Experimentator, der die hier beschriebenen Arbeitsschritte zur Narkotisierung aquatischer Organismen ausführt, zwangsläufig in einer juristischen Grauzone und handelt entsprechend auf eigene Gefahr.

Tabelle 11: Wirkkonzentrationen üblicher Betäubungsmittel für die Narkose von Neunaugen und Fischen unter Standardbedingungen

<table>
<tr><th rowspan="2">Substanz
(Synonyme, Handelsnamen)</th><th rowspan="2">molare Masse [g/l]</th><th rowspan="2">Dichte [kg/l]</th><th colspan="3">Wirkkonzentration</th></tr>
<tr><th>mmol/l</th><th>g/l</th><th>ml/l</th></tr>
<tr><td>Ethylenglycolmonophenylether,
2-Phenoxyethanol</td><td>138,16</td><td>1,11</td><td>2,4</td><td>0,33</td><td>0,3</td></tr>
<tr><td>Tricain Methan Sulfonat, MS 222®</td><td>261,3</td><td>k. A.</td><td>$7,8 \times 10^{-3}$</td><td>0,03</td><td>-</td></tr>
<tr><td>Eugenol, Nelkenöl</td><td>164,2</td><td>1,07</td><td>0,5</td><td>0,08</td><td>0,07</td></tr>
<tr><td>Alka-Seltzer®</td><td></td><td></td><td colspan="3">1 bis 1½ Tabletten oder
1 Teelöffel Pulver auf 4 Liter</td></tr>
<tr><td>Elektrosedation</td><td colspan="5">3 s Impulsgleichstrom, 60 V, 30 Hz,
25 % Stromflussdauer</td></tr>
<tr><td>Eiswasser</td><td>–</td><td>–</td><td>–</td><td>–</td><td>–</td></tr>
</table>

7.2.1 *Ethylenglycolmonophenylether (2-Phenoxyethanol)*

Für Fische besonders schonend ist eine in Deutschland kaum gebräuchliche und europaweit nicht zugelassene Chemikalie mit dem Namen Ethylenglycolmonophenylether, die auch als 2-Phenoxyethanol bezeichnet wird. Es handelt sich um eine farblose, leicht süßlich riechende Flüssigkeit, die etwas schwerer ist als Wasser. In Abhängigkeit von der Konzentration des Narkotikums und der Physiologie des Tieres tritt eine Betäubung nach 3 bis 10 Minuten ein. Die Toleranzdauer, d. h. die Verweilzeit im Narkosebad ohne dass Schädigungen auftreten, beträgt bis zu 40 Minuten. Die Aufwachdauer wird mit 3 bis 10 Minuten angegeben. ADAM et al. (1962) beobachteten selbst bei wiederholter Anwendung des Narkotikums keine Schädigungen oder Nebenwirkungen, stellten allerdings bei einigen Arten wie dem Aal eine erhöhte Schleimproduktion fest.

Vor dem Hintergrund der fehlenden Zulassung dieser Substanz ließe sich zumindest im Umfeld der Laborforschung sicherstellen, dass damit narkotisierte Tiere nicht einem späteren Verzehr zugeführt werden. Anders verhält es sich bei solchen Fischen, die im Rahmen fischereibiologischer und fischökologischer Freilanduntersuchungen sediert werden müssen: Hier ist es schlicht unmöglich zu garantieren, dass ein mit der Chemikalie betäubter Fisch nicht oder erst nach einer gewissen Wartezeit durch Fischer und Angler gefangen und verzehrt wird. Hinsichtlich der Entsorgung erweist sich die Chemikalie als weitgehend unproblematisch, da sie bereits nach etwa 45 Minuten zu zerfallen beginnt.

7.2.2 *Tricain (MS 222®)*

Die Chemikalie Tricain Methan Sulfonat (kurz: Tricain) wird weltweit seit langem unter dem Handelsnamen MS 222® vertrieben und vor allem bei Tierexperimenten im Labor zur Narkotisierung aquatischer Organismen eingesetzt. Auch in der Fischzucht wird MS 222® zur Sedierung von Großsalmoniden, insbesondere Lachsen vor dem Abstreifen genutzt. Bevor hier allerdings die Geschlechtsprodukte gewonnen werden können, müssen die Tiere sehr gut abgespült werden, um eine Immobilisierung der Spermien zu verhindern.

MS 222® ist ein 100 % chemisch reines und wasserlösliches weißes Pulver, das in Lösung leicht sauer reagiert. Vor der Anwendung sollte es

Tabelle 12: Konzentrationstabelle für MS 222® (nach: www.pharmaq.no / November 2012)

Art / Artengruppe	Anwendungstemperatur	Konzentration	Einwirkdauer bis zu
Forellen	7–17 °C		
Sedierung		10–30 mg/l	480 min
leichte Narkose		30–80 mg/l	30 min
Tiefennarkose		80–180 mg/l	10 min
Salmoniden			
Sedierung		7–30 mg/l	240 min
leichte Narkose		30–80 mg/l	10 min
Tiefennarkose		80–100 mg/l	5 min
Perciden	7–20 °C		
Sedierung		8–30 mg/l	480 min
leichte Narkose		30–70 mg/l	20 min
Tiefennarkose		70–100 mg/l	4 min
Cypriniden			
Sedierung		20–30 mg/l	1.440 min
Narkose		30–200 mg/l	8 min
Tropische Süßwasserarten	> 20 °C		
Sedierung		30–50 mg/l	1.440 min

neutralisiert werden, z. B. durch Zugabe von Backpulver. In Abhängigkeit von der Konzentration des Narkotikums und der Physiologie des Fisches setzt die Betäubung nach etwa 10 Minuten ein; die Aufwachphase dauert etwa 5 Minuten. Artspezifische Konzentrationen für die Sedierung und Narkose sowie die maximal zulässige Einwirkdauer sind in Tab. 12 angegeben. Bei einer Konzentration von mindestens 50 mg/l und einer Einwirkdauer von mehr als 40 Minuten sowie bei Überdosierung kann MS 222® tödlich wirken.

Unter der Bedingung einer Wartezeit von 70 Tagesgraden ist MS 222® in England zur Betäubung von Wild- und sogar von Speisefischen zugelassen. Tagesgrade sind eine in der Fischerei gebräuchliche Einheit:

$$\text{Tagesgrade} = \text{Anzahl Tage [d]} \times \text{Wassertemperatur [°C]}$$

70 Tagesgrade bedeuten also, dass ein mit MS 222® behandelter Fisch bei einer Wassertemperatur von beispielsweise 10 °C insgesamt 7 Tage

lang gehältert werden muss, bevor er als potenziell fang- und essbares Nahrungsmittel in ein Gewässer entlassen werden darf. Bei 5 °C erhöht sich die Wartezeit auf 14 Tage und bei 20 °C verkürzt sie sich auf 3,5 Tage.

Diese Bestimmung lässt sich im Rahmen des Gleichheitsgrundsatzes aller europäischen Mitgliedsstaaten grundsätzlich auch auf Deutschland übertragen. Allerdings ist zumindest bei Wildfischen die geforderte mehrtägige Hälterung hier wie dort kaum realisierbar: Insbesondere leistungsfähige Exemplare und Arten wie Lachs, Karpfen, Hecht oder Zander versuchen nämlich in den ersten Tagen der Gefangenschaft mit aller Kraft einer Hälterung zu entkommen. Die Verletzungen, die sie sich dabei zufügen, können beträchtlich sein. Damit hat die geforderte Wartezeit insbesondere für Wildfänge ein unvertretbares Maß an Leid und Schmerzen zur Konsequenz. Zudem können solche Beeinträchtigungen die Eignung von Versuchstieren in Frage stellen.

7.2.3 Eugenol (Nelkenöl)

Europaweit wird seit vielen Jahren die Verwendung von Nelkenöl, dem stark riechenden ätherischen Öl der Gewürznelke propagiert. Eine Zulassung dieser Substanz als Narkotikum ist bei der Europäischen Union beantragt, zumal es sich um einen zugelassenen Lebensmittelzusatzstoff handelt, so dass für den Verzehr damit behandelter Speisefische keine Wartezeit anzusetzen wäre. In der Tat ist eine ausreichende Anästhesie durchaus möglich, um z. B. kapitale Fische für eine schonende Handhabung oder für Transporte ruhig zu stellen. Für die Durchführung operativer Eingriffe erscheint Nelkenöl als Narkosemittel jedoch ungeeignet, da es sich um ein Naturprodukt handelt, das aus verschiedenen Inhaltsstoffen in schwankender Zusammensetzung besteht (Abb. 39), so dass erhebliche Unsicherheiten hinsichtlich der Dosierung bestehen.

Zudem erscheint die Anwendung des lang anhaltend und sehr intensiv riechenden Duftstoffs zumindest in Hinblick auf diadrome Arten problematisch: Die Orientierung dieser Krebse, Neunaugen und Fische auf ihren z. T. mehrere hundert bis tausend Kilometer langen Wanderungen erfolgt primär olfaktorisch, d. h. mit dem Geruchsorgan. Wenngleich bisher nicht untersucht wurde, ob und welche Wirkungen Nelkenöl auf den Geruchssinn hat, kann nicht ausgeschlossen werden, dass es die Riech-

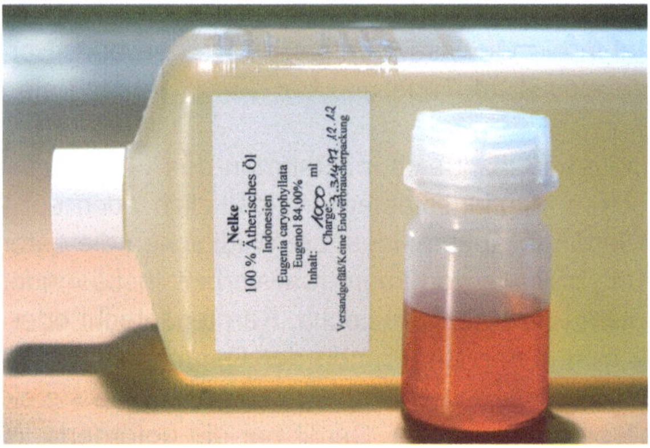

Abbildung 39: Alleine die unterschiedliche Farbe dieser zwei Chargen 100 % reinen Nelkenöls lässt erkennen, dass die Zusammensetzung und damit die Qualität dieses Naturproduktes schwankt

rezeptoren der Tiere über einen mehr oder weniger langen Zeitraum maskiert oder gar schädigt, und damit die auf der Wahrnehmung feinster Geruchsgradienten beruhende großräumige Orientierung beeinträchtigt. Darüber hinaus liegen Beobachtungen vor, wonach die Flossensäume von Fischen schon nach kurzer Verweildauer in einem Narkosebad mit Nelkenöl ausfransen (Abb. 40).

Abbildung 40: Ausgefranste Schwanzflosse eines zuvor unbeschädigten Güster nach etwa 5-minütigem Aufenthalt in einem Narkosebad mit Nelkenöl

7.2.4 Alka-Seltzer®

Das Kopfschmerzmedikament Alka-Seltzer® besteht aus Acetylsalicylsäure und Natriumbicarbonat. Es ist frei verkäuflich und als Brausetablette in jeder Apotheke zu beziehen. Als Narkotikum für Neunaugen und Fische ist es nicht zugelassen, wird aber trotzdem vor allem in den USA zur Sedierung und Narkose von adulten Neunaugen und von Salmonidensmolts eingesetzt.

Die sedierende Wirkung der Brausetabletten beruht wahrscheinlich weniger auf den Inhaltsstoffen, sondern vielmehr auf der Freisetzung von Kohlendioxid beim Auflösen der Tabletten in Wasser. Dies führt zu einem Sauerstoffmangel im Hälterwasser und letztlich auch im Blut der Probanden, wodurch diese ruhig gestellt werden. Für die Dosierung von Alka-Seltzer® sind nur anekdotische Näherungsangaben verfügbar, wie 1 bis 1 ½ Tabletten oder 1 Teelöffel in Pulverform auf ein Wasservolumen von etwa 4 Litern.

Auf die Narkose mit Kohlendioxid wird hier nicht vertiefend eingegangen, weil diese Betäubungsmethode in Deutschland kaum angewandt wird und hinsichtlich des Tierschutzaspektes heftig umstritten ist (KÖLLE & HENKE 2004).

7.2.5 Elektrosedation

In jüngster Zeit gewinnt die Narkotisierung von Fischen mit Strom an Bedeutung, zumal mittlerweile sogar ein portables Gerät für den praktischen Einsatz im Feld entwickelt wurde. Jüngste Studien zur Verträglichkeit dieser Narkosemethode wurden unter Anwendung gepulsten Gleichstroms von 30 Hz bei einer Spannung von 100 bis 200 Volt durchgeführt. Hierbei zeigte sich, dass die Toleranzphase der Narkose bei verschiedenen amerikanischen Fischarten von ca. 25 Zentimeter Länge und 20 Gramm Gewicht nach weniger als 10 Sekunden eintritt. Auch die Aufwachphase ist im Vergleich zu chemischen Narkotika sehr kurz und bei den untersuchten Fischen wurden keine Nebenwirkungen festgestellt (TRUSHENSKI et al. 2012). Aus Deutschland liegen bisher keine Erfahrungen mit der Elektrosedation vor. Allerdings ist mit Widerstand gegenüber dieser Methode zu rechnen, denn der Einsatz von gepulstem Gleichstrom wird von den Fischereibehörden einiger Bundesländer bereits im Rahmen der Elektrofischerei abgelehnt (Kap. 5.2.3).

7.2.6 *Eiswasser*

Die Verwendung von Eiswasser für die Sedierung von Krebsen, Neunaugen und Fischen (Abb. 41) ist rechtlich zulässig. Dies ermöglicht beispielsweise die biometrische Untersuchung von Aalen, die sich bei höheren Wassertemperaturen kaum handhaben und damit nicht exakt vermessen und wiegen lassen. Es stellt sich jedoch keine narkoseähnliche Tiefenbetäubung ein, wie sie für die Durchführung operativer Eingriffe unabdingbar ist.

Auch erscheint es in Anbetracht des Schädigungspotenzials rascher Temperaturwechsel (Kap. 6.2.3.1) zumindest problematisch, an vergleichsweise hohe Wassertemperaturen angepasste Tiere binnen kurzer Zeit zuerst herunter zu kühlen und dann wieder auf die Ausgangstemperatur zu erwärmen.

Abbildung 41: Herunterkühlen von Aalen mit Schnee für eine biometrische Vermessung

7.3 Vorgehen bei der Narkose

Eine einfache und schnell wirkende Methode, Neunaugen und Fische zu immobilisieren besteht darin, sie in ein Narkosebad einzutauchen, dem eine sedierende chemische Substanz in ausreichender Konzentration zugesetzt wird. Zwar besteht grundsätzlich auch die Möglichkeit einer Injektionsnarkose oder das Narkosemittel kann mit einem getränkten Wattebausch unter die Kiemendeckel verabreicht werden, doch kommen diese Verfahren nur extrem selten zur Anwendung, so dass darauf nicht näher eingegangen wird.

Wichtig bei der Herstellung des Tauchbades ist es, möglichst das gleiche Wasser zu verwenden, in dem das Tier zuvor gelebt hat bzw. gehältert wurde. Auf diese Weise werden Unterschiede der chemisch-physikalischen Beschaffenheit, insbesondere hinsichtlich des pH-Werts vermieden. Zudem sind Narkosezwischenfälle, wie ein Kollabieren des Kreislaufs aufgrund von Temperaturunterschieden, starke Schleimabsonderungen oder gar Vergiftungen z. B. mit Ammoniak nicht zu befürchten. In dem Tauchbad umspült die Wirksubstanz die Kiemen, so dass das Narkotikum rasch und unmittelbar in den Körper aufgenommen wird. Narkosebäder erlauben im Bedarfsfall auch eine einfache Nachdosierung der Wirksubstanz. Eine vergleichsweise schnelle Beendigung der Narkose wird erzielt, sobald das Tauchbad gegen gut belüftetes Frischwasser ausgetauscht wird. Bei der Durchführung der Narkose sind einige grundsätzliche Aspekte zu beachten:

- Übersteigt die Wassertemperatur im Herkunftsgewässer oder in der Hälteranlage 20 °C, ist grundsätzlich von einer Narkotisierung von Fischen, insbesondere von Salmoniden und anderen Kaltwasserarten abzusehen, da die Belastung des Kreislaufs zu groß wird und das Mortalitätsrisiko steigt.
- Es empfiehlt sich, zunächst ein Tier einer leichten Unterkonzentration der Chemikalie auszusetzen und den zeitlichen Verlauf der Narkose zu beobachten. Tritt die Toleranzphase nicht innerhalb von 10 Minuten ein, ist die Konzentration des Narkosebades zu erhöhen.
- Das Narkosebad muss belüftet werden, damit stets Sauerstoffsättigung herrscht. Die Belüftung kann mit Druckluft durch einen Kompressor oder durch ein feinperliges Einströmen reinen Sauerstoffs

aus einer Druckgasflasche sichergestellt werden. Bei Verwendung von reinem Sauerstoff ist durch mehrmalige Messungen zu gewährleisten, dass der Sättigungswert von 100 % nicht überschritten wird, um Verätzungen der Kiemen vorzubeugen.

Sofern der Eingriff länger als etwa 2 Minuten dauert, ist durch technische Maßnahmen dafür zu sorgen, dass die Kiemen mit sauerstoffreichem Wasser umspült werden, da die Sauerstoffversorgung des narkotisierten Fisches ansonsten weitgehend zum Erliegen kommt, sobald die Muskelbewegung des Atmungsapparates erlahmt. Ein für diese Zwecke geeigneter Operationstisch wird in Kap. 8 beschrieben. Hierzu wird dem Fisch ein Schlauch in das Maul eingeführt, über den sauerstoffangereichertes Wasser einströmt, das die Kiemenhöhlen durchfließt. Die Förderung des Beatmungswassers kann mit Hilfe einer Aquarienpumpe bewerkstelligt werden. Hierbei ist auf einen geringen Förderdruck zu achten, damit die empfindlichen Kiemenblättchen nicht verletzt werden. Eine Versorgung der Kiemen mit Frischwasser hat zur Folge, dass die Narkose schnell nachlässt. Soll die Narkose über längere Zeit anhalten, muss dem Atemwasser folglich Narkosemittel zugefügt werden.

Im Falle eines nur wenige Sekunden dauernden Eingriffes, z. B. einer Farbmarkierung oder der subkutanen Injektion eines PIT-Tags, können mehrere Tiere gleichzeitig sediert werden. Hierbei ist allerdings zu bedenken, dass die Beeinträchtigung eines Neunauges oder Fisches mit der Verweildauer im Tauchbad zunimmt. Die Tiere müssen deshalb unmittelbar nach Einsetzen der Betäubung dem vorgesehenen Eingriff unterzogen werden. Als gut handhabbar hat sich hierbei eine Anzahl von 10 gleichzeitig sedierten Tieren erwiesen.

Werden Eingriffe durchgeführt, die mehrere Minuten dauern, ist stets nur das unmittelbar zur Bearbeitung vorgesehene Tier zu narkotisieren. Während des Eingriffes ist zudem seine Körperoberfläche feucht zu halten, damit die durch die Schleimschicht geschützte dünne Haut nicht verletzt wird.

Um Neunaugen und Fische nach dem Eingriff aus der Narkose zu erwecken, werden sie in großvolumige Aufwachbecken mit frischem, sauerstoffreichem Wasser guter Qualität und gleicher Temperatur umgesetzt. Um die Durchspülung der Kiemen zu unterstützen, empfiehlt es sich, große Fische an der Schwanzwurzel zu fassen und im Wasserbecken vor und zurück zu bewegen. Die Aufwachphase muss überwacht werden: Erst wenn das Tier wieder eine stabile Körperlage einnimmt, eine normale Atmung sowie normale Reaktionen, z. B. Scheureflexe auf Berührung zeigt, kann es in die Freiheit entlassen werden.

Im Falle einer Überdosis oder wenn ein Tier zu lange im Narkosebad belassen wurde, kann es vorkommen, dass seine Atmung vollständig zum Erliegen kommt. Zum Zwecke der Wiederbelebung von Fischen wird dann die „Wasserkranmethode“ eingesetzt: Das Maul wird geöffnet und kaltes, sauerstoffgesättigtes Wasser wird direkt auf die Kiemen gegeben. Ist die Reanimation erfolgreich, setzt alsbald eine Schnappatmung ein und die Kiemendeckel beginnen, sich zu bewegen. Bei Neunaugen ist eine Wiederbelebung auf diese Weise nicht möglich, da sich das mit Zähnen bewehrte Saugmaul nicht öffnen lässt.

Bei Arbeiten mit Narkosemitteln sind grundsätzlich Handschuhe zu tragen. Das Narkosemittel Ethylenglycolmonophenylether beispielsweise wirkt beim Operateur erfahrungsgemäß gerinnungshemmend, so dass bereits geringste Verletzungen, z. B. oberflächliche Schnitte anhaltend bluten.

8 Operationstisch für Neunaugen und Fische

Vor allem intraabdominale Eingriffe erfordern eine sichere und stabile Lagerung der Tiere auf dem Rücken. Dies ist ohne einen geeigneten Operationstisch nicht möglich. Gleichzeitig ist zu gewährleisten, dass die Respiration auch während des Eingriffes sicher gestellt ist. Bei den kiemenatmenden aquatischen Organismen erfordert dies eine Versorgung mit Beatmungswasser.

Hierbei ergeben sich bei lang gestreckten, aal- oder schlangenförmigen Arten (Kap. 8.2) etwas andere Anforderungen als bei Arten mit typischer Fischgestalt (Kap. 8.1).

8.1 Arten mit typischer Fischmorphologie

Die Lagerung von Arten mit typischer Fischmorphologie ist umso problematischer, je hochrückiger und schmaler die Körperform ist. Hierzu empfiehlt sich die Verwendung eines Operationstisches aus nicht quellendem Holz oder Kunststoff (Abb. 42). Der Operationstisch besteht aus zwei Seitenbrettern, die V-förmig im Winkel von etwa 60° zueinander stehen. Ihre Länge muss mindestens der Totallänge des größten zu behandelnden Fisches entsprechen. Der Operationstisch wird mit Schwämmen ausgekleidet, deren weiches, wasserdurchtränktes Material sich der Rückenform des Fisches anschmiegt und die für den Eingriff erforderliche Lage stabilisiert. Gleichzeitig wird auf diese Weise die Haut des Fisches benetzt und so die Schleimschicht geschützt. Die Stirnwand des Operationstisches wird von zwei Schläuchen durchbrochen: Der so genannte Beatmungsschlauch wird in das Maul des Fisches eingeführt und versorgt die Kiemen mit Wasser. Der an der Basis des Gestells befestigte Drainageschlauch leitet das ablaufende Beatmungswasser ab. Das Beatmungswasser wird von einer Pumpe aus einer belüfteten Wanne gefördert. Die Förderkapazität der Pumpe darf nur gering sein, um die Kiemen nicht durch einen zu hohen Wasserdruck zu schädigen (Abb. 43). Um die Narkose des Fisches aufrecht zu erhalten, wird eine geringe Dosis Narkotikum zugesetzt.

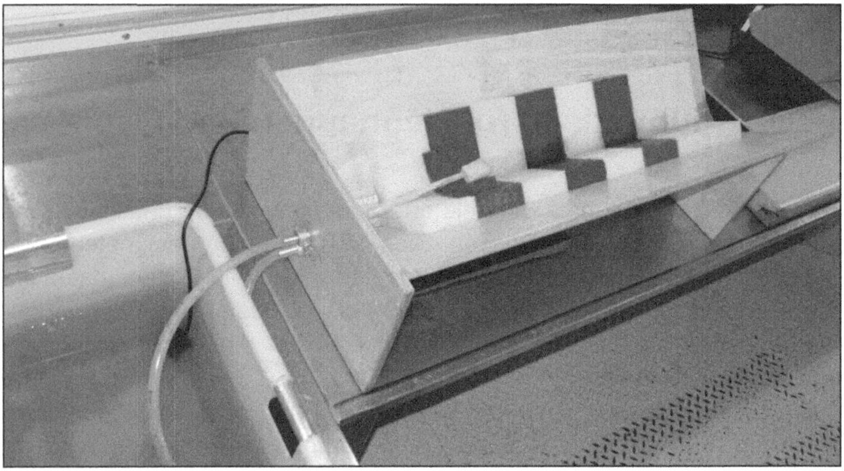

Abbildung 42: Operationstisch mit Beatmungssystem für Arten von typischer Fischform

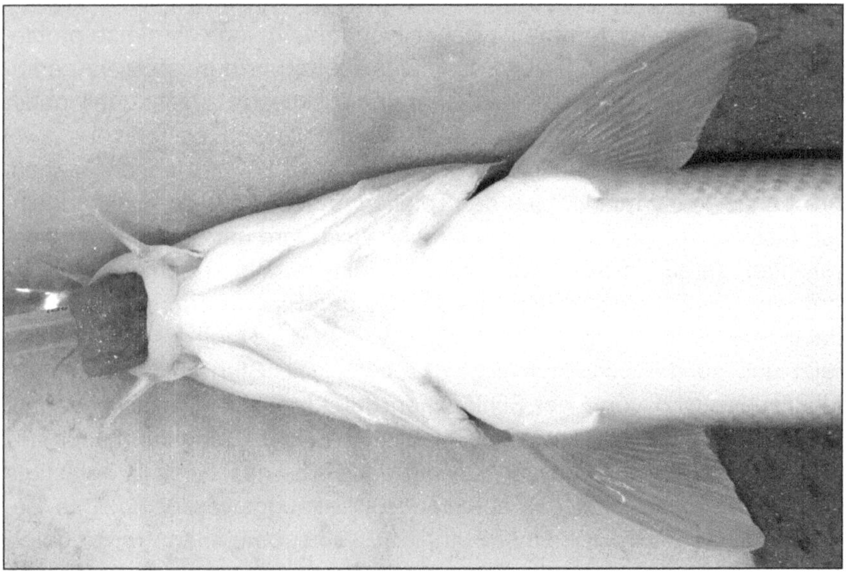

Abbildung 43: Auf dem Operationstisch rücklings gelagerte Barbe mit Beatmungsschlauch im Maul; das Wasser rinnt aus den Kiemen ab und wird von dem Drainageschlauch abgeleitet

8.2 Schlangenförmige Arten

Während eine stabile Rückenlagerung schlangenförmiger Fische, d. h. von Fluss- und Meerneunaugen sowie von Aalen unproblematisch ist, stellt ihre Sauerstoffversorgung besondere Anforderungen. Insbesondere Neunaugen kann im narkotisierten Zustand nämlich kein Beatmungsschlauch in das fest verschlossene, sehr muskulöse und mit unzähligen spitzen Zähnchen bewehrte Saugmaul eingeführt werden. Deshalb werden diese Arten auf einer ebenen, aber etwas erhöhten Fläche rücklings auf einem nassen und weichen Untergrund gelagert, während der Kopf des Tieres samt Kiemenöffnungen in einer wassergefüllten Schale eintaucht. Das Atemwasser in der Schale ist zu belüften. Hierzu eignen sich beispielsweise kleine, für Aquarien gebräuchliche Membranpumpen mit Sprudelstein. Bei längeren Eingriffen muss dem Wasser Narkosemittel zugesetzt werden, um die Betäubung aufrecht zu erhalten.

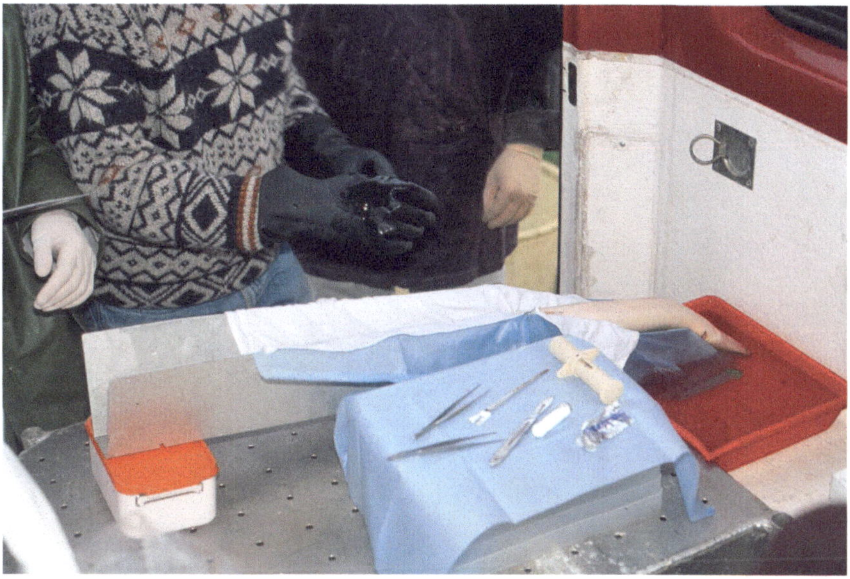

Abbildung 44: Operationstisch für schlangenartige Fische mit Atemwasser in einer separaten Schale

9 Entnahme von Proben vom lebenden Tier

Eingriffe an lebenden aquatischen Tieren dienen nicht nur der Markierung (Kap. 10), sondern auch der Entnahme von Geweben oder Körperflüssigkeiten. Die Durchführung einer Probennahme muss detailliert geplant sein, um die Zeitdauer des Eingriffs auf das unbedingt nötige Maß zu begrenzen und dem Tier unnötige Beeinträchtigungen zu ersparen. Zudem muss die fachgerechte Entnahme und Aufbewahrung des gewonnenen Probenmaterials bis zur Bearbeitung sichergestellt sein, denn nur die spätere, fachgerechte Verwertung der Probe rechtfertigt letztlich den Eingriff am Tier.

Besondere Sorgfalt ist auf die Beschriftung der Proben zu verwenden, damit auch nach langer Zeit noch eine eindeutige Zuordnung zu dem Spendertier der Probe möglich ist. Eine Probe sollte daher mindestens mit folgenden Informationen gekennzeichnet sein:

- Nummer des Tieres oder der Gruppe, ggf. Identifikationsnummer des Individuums.
- Ort, Datum und ggf. Uhrzeit der Probennahme.
- Fischart, Größe, Gewicht, ggf. Geschlecht und Laichstatus.

9.1 Schuppen

Um das Alter von Neunaugen und Fischen zu bestimmen, werden knöcherne bzw. verkalkte Strukturen auf jährliche Zuwachsringe hin untersucht. Während eine Altersbestimmung an den Gehörsteinchen (Otolithen), dem Kiemendeckel (Operculum) oder anderen Knochen zwangsläufig den Tod des Tieres voraussetzt, haben Schuppenproben (Abb. 45) den großen Vorteil, dass sie am lebenden Tier entnommen werden können. Gänzlich harmlos ist auch dies nicht, denn hierbei wird die Epidermis beschädigt, was Infektionen Vorschub leisten kann. Insofern ist die Entnahme von Schuppen stets auf das notwendige Maß zu begrenzen.

Abbildung 45: Schuppen, wie die eines 12 Jahre alten Karpfens, werden für Altersbestimmungen entnommen, ohne das Tier zu töten

Allerdings ist zu berücksichtigen, dass der Fisch im Laufe seines Lebens zahlreiche Schuppen verliert und diese durch neue ersetzt. Solchen Ersatzschuppen fehlen die inneren Zuwachsringe, so dass sie für die Altersbestimmung unbrauchbar sind. Erkennen lässt sich dies jedoch erst nach der Entnahme an der präparierten Schuppe, so dass stets mehrere Schuppen, ggf. auch an unterschiedlichen Körperstellen entnommen werden müssen, um für die Altersbestimmung geeignetes Material zu erhalten und so den Sinn der Probennahme sicher zu stellen.

Vorgehensweise: Für Schuppenproben von sehr kleinen Fischen, deren Schuppen mit der Pinzette nicht einzeln ergriffen werden können, wird eine möglichst kleine Fläche am Körper mit dem stumpfen Rücken eines

Skalpells zunächst in Strichrichtung des Schwanzes leicht überstrichen, um Schleim und Haut abzustreifen. Mit einem zweiten, nun kopfwärts ausgerichteten Strich werden dann mit wohldosiertem Druck einzelne Schuppen aus dem Schuppenkleid heraus gelöst und auf einen Objektträger übertragen. In der Regel bilden die Schuppen eine klumpige Ansammlung und müssen auseinander gelesen werden, damit sich die einzelnen Schuppen nicht überlagern und nach Möglichkeit frei von Epidermisresten sind. Der Objektträger wird daraufhin mit einem zweiten abgedeckt und beide an den Schmalseiten mit je einem Stück Tesafilm miteinander verklebt, so dass sie nicht gegeneinander verrutschen können. Die Schuppenprobe wird entweder mit einem Permanentstift direkt auf dem Objektträger beschriftet oder der Objektträger wird nummeriert, um in einem Umschlag gleicher Nummerierung samt den Informationen über das jeweilige Tier aufbewahrt zu werden.

Für Schuppenproben von großen Fischen werden einzelne Schuppen mit der Pinzette erfasst und schwanzwärts aus dem Schuppenkleid heraus gezogen. Die einzelnen Schuppen werden bis zur Begutachtung unter einer binokularen Lupe in beschrifteten Umschlägen trocken aufbewahrt. Bei Neunaugen ist diese Methode der Altersbestimmung nicht anwendbar, da ihre Haut schuppenlos ist.

9.2 Gewebe

Gewebeproben werden beispielsweise für genetische Untersuchungen benötigt, z. B. zur sicheren Unterscheidung von Arten, die sich morphologisch sehr ähnlich sehen, wie Coregoniden und Acipenseriden. Auf diese Weise können auch Artbastarde identifiziert und unterschiedliche Stämme voneinander differenziert werden, was beispielsweise bei der Lachswiederansiedlung von großer Bedeutung ist. Für populationsgenetische Untersuchungen, z. B. bezüglich der Verbreitung bestimmter Gene in einer Fortpflanzungsgemeinschaft werden Gewebeproben von 30 bis 50 Individuen benötigt. Die Entnahme von bis zu 100 Proben lässt eine maximale statistische Sicherheit erwarten (http.//web.nrdpfc.ca/index.php finclip / 20. November 2012).

Vorgehensweise: In der Regel wird der Fisch bei der Entnahme von Gewebeproben nicht narkotisiert, sondern nur leicht sediert. Die Probenahme erfolgt mit einem sauberen Skalpell oder einer scharfen Schere, indem ein Stück Flosse abgetrennt wird. Dies sollte grundsätzlich an der Rücken- oder dem oberen Teil der Schwanzflosse erfolgen. Hier sind die Beeinträchtigung und das Infektionsrisiko vergleichsweise gering, denn diese Flossen stehen nicht mit dem Gewässergrund in Kontakt und sie werden bei der Lokomotion nicht so stark bewegt wie die Brust- und Bauchflossen. Nicht zu empfehlen ist eine Probenahme aus der bindegewebigen Fettflosse (Adipose), die bei verschiedenen Arten zwischen der Rücken- und der Schwanzflosse angeordnet ist. Erst recht sollte vermieden werden, die gesamte Fettflosse zu amputieren, denn diese regeneriert im Gegensatz zu den übrigen Flossen nicht; eine Amputation hat somit eine dauerhafte Verstümmelung zur Folge. Gemäß Untersuchungen u. a. von HANSEN (1998) reduziert eine Amputation der Fettflosse die Überlebensrate von Lachsen während der marinen Lebensphase und beeinträchtigt darüber hinaus den Reproduktionserfolg, denn die Fettflosse spielt eine wichtige Rolle für das Imponierverhalten männlicher Lachse bei der Balz. Ob auch andere Arten wie Maränen, Äschen und Welse durch dem Verlust der Fettflosse gehandicapt werden, wurde bislang nicht untersucht.

Die entnommene Gewebeprobe kann in 80 bis 95 %-igem Ethanol bei Zimmertemperatur über sehr lange Zeit aufbewahrt werden; ein Einfrieren ist nicht erforderlich. Gewebeproben können auch durch Trocknung konserviert werden. Allerdings kann ein kleines Stück zumeist nur schwach pigmentierten Flossengewebes allzu leicht verloren gehen. Getrocknete Gewebeproben werden in beschriften Umschlägen aufbewahrt. Als Aufbewahrungsgefäße empfehlen sich je nach Probevolumen dicht schließende Schnappdeckelgläschen oder Zentrifugengefäße mit Deckel (Abb. 46). Da viele Probengefäße zu klein sind, um darauf alle Informationen über das Spendertier zu vermerken, wird die Probe zweckdienlicher Weise nummeriert und in einem Umschlag gleicher Nummerierung aufbewahrt, der die benötigten Informationen trägt.

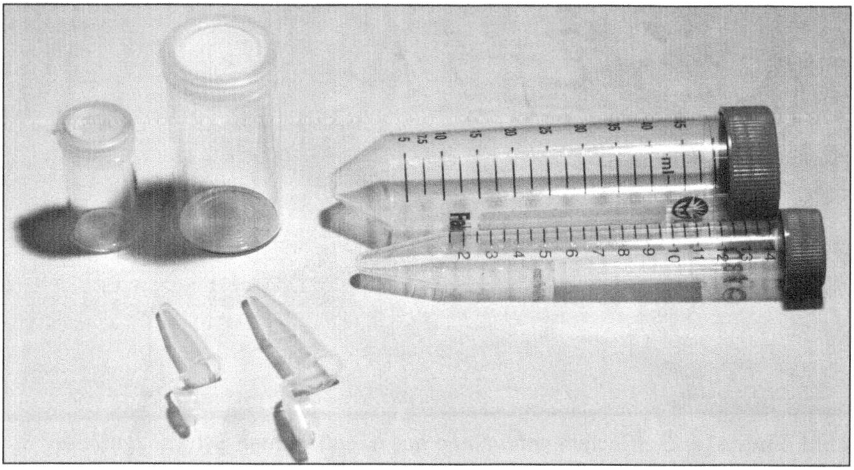

Abbildung 46: Aufbewahrungsgefäße für Gewebe- und Blutproben

9.3 Blut

Zum Nachweis von Xenobiotika oder Krankheitserregern im Fisch bzw. im Gewässer werden hämatologische oder klinisch-chemische Untersuchungen des Fischblutes durchgeführt. Darüber hinaus dienen z. B. physiologische Tests der Ermittlung des Ernährungszustandes, der Konstitution und der Leistungsfähigkeit eines Fisches.

Vorgehensweise: Blutentnahmen werden stets unter Narkose durchgeführt. Für eine einmalige Blutentnahme, wie sie vor allem unter Freilandbedingungen erfolgt, stehen folgende Entnahmepunkte zur Verfügung (Abb. 49):

- Median unterhalb der Seitenlinie verlaufen die Schwanzarterie und -vene. Durch Punktierung in diesem Bereich wird aus beiden Gefäßen gleichzeitig arterielles und venöses Mischblut in größerer Menge gewonnen (Abb. 47, PUND 2012).
- Daneben kommen auch andere Gefäße für eine Blutentnahme in Frage, beispielsweise die Kiemengefäße am Kiemenseptum des 5. Kiemenbogens (Abb. 48). Es erfordert allerdings ein erhebliches Maß an praktischer Erfahrung, um diese Gefäße zu treffen.

Abbildung 47: Gemischtblutentnahme aus den medianen Schwanzgefäßen

- Grundsätzlich ist auch eine Blutentnahme direkt aus dem Sinus venosus möglich, doch birgt dies stets die Gefahr, dass der Fisch innerlich verblutet.

Im Labor werden kontinuierliche Blutabnahmen mit einem Katheder an der dorsalen und ventralen Aorta, den Kiemengefäßen, am Sinus venosus sowie bei Plattfischen zudem an den Schwanzgefäßen vorgenommen. Eine Hemmung der Gerinnung von Blutproben wird dabei durch Zusetzen eines Antikoagulans sichergestellt.

Abbildung 48: Blutentnahme aus dem Kiemenseptum

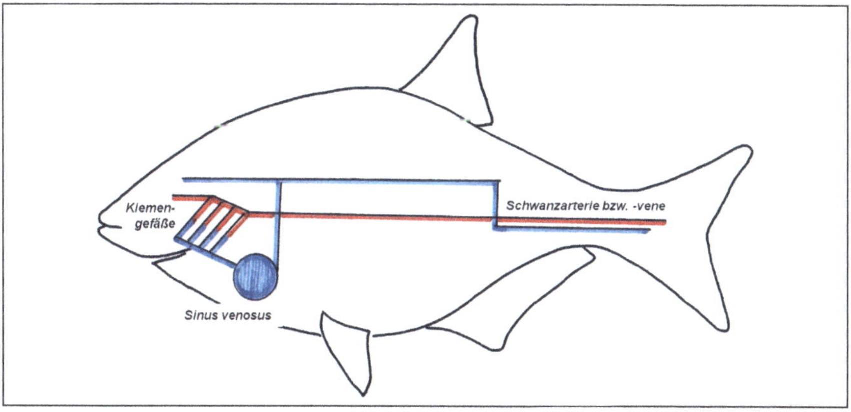

Abbildung 49: Orte für eine Blutentnahme beim Fisch

9.4 Geschlechtsprodukte

In der Fischerei ist es gängige Praxis, von Elterntieren Eier (Rogen) und Spermien (Milch) zum Zwecke der künstlichen Befruchtung zu gewinnen. Aber nicht nur für die künstliche Fortpflanzung und Zucht, sondern auch für die Produktion von Kaviar werden Fischeier vom lebenden Tier entnommen. Dies erfolgt vor allem bei Salmoniden (Lachsartigen) und bei Acipenseriden (Störartigen). Bei laichreifen Salmoniden ist die Prozedur des Abstreifens vergleichsweise einfach zu bewerkstelligen, da die Eier aus dem Ovar direkt in die Bauchhöhle fallen und von hier über die vor dem After liegende Genitalöffnung abgelaicht werden (Abb. 50). Gleiches

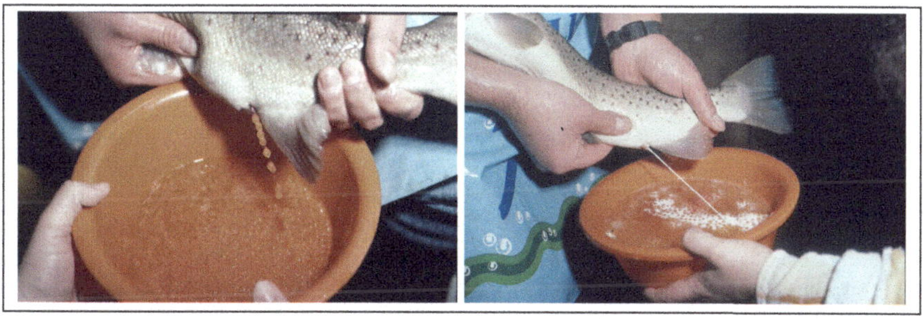

Abbildung 50: Abstreifen einer Meerforelle und künstliche Besamung des Rogens

gilt für das Sperma der männlichen Tiere. Bei anderen Arten, deren Eier über einen Müllerschen Gang abgegeben werden, ist die Gewinnung der Geschlechtsprodukte aufwändiger und setzt zumeist eine Behandlung mit Hypophysenhormonen voraus, um die Laichreife zu induzieren.

Vorgehen: Die Geschlechtsreife erreichen Salmoniden nach zwei bis drei Lebensjahren. Während die meisten Arten, wie Bachforelle, Bachsaibling und Lachse im Herbst zwischen Oktober und Dezember laichreif sind, erfolgt die Reifung der Eier von Äsche und Huchen erst im Frühjahr. Die für eine Gewinnung von Geschlechtsprodukten ausgewählten Individuen müssen voll ausgereift sein. Sind die Fische laichbereit, treten bereits bei leichtem Druck auf den Bauch Sperma bzw. Eier aus. Die gesamte Prozedur dauert nicht länger als 5 Minuten. Je nach Größe und Stärke der Fische ist eine leichte Sedierung für eine schonendere Handhabung zu empfehlen. Um eine Immobilisierung der Spermien zu verhindern, müssen vor allem die Milchner sehr gut abgespült werden.

Beim Abstreifen wird der Fisch mit einer Hand an der Schwanzwurzel gehalten. Daumen und Zeigefinger der anderen Hand streifen sodann mit dosiertem Druck über die Bauchseiten, um den Rogen resp. die Milch aus der Geschlechtsöffnung heraus zu pressen.

Um die Eier zu befruchten, werden sie unter Zugabe von Wasser mit Sperma vermischt, woraufhin sie quellen und an Härte zunehmen. Sodann werden die befruchteten Eier in Siebeinsätzen in durchströmten Aufzuchtbecken aufgelegt. Nach einer artspezifischen Anzahl von z. B. 420 Tagesgraden beim Lachs schlüpfen die Larven als so genannte Dottersackbrütlinge.

10 Markierung

Aquatische Organismen, insbesondere Fische, werden zum Zweck der Wiedererkennung von Gruppen oder Einzelindividuen bereits seit langem mit unterschiedlichsten Verfahren und Methoden gekennzeichnet (SCHEURING 1949). In der Fischerei wird dies beispielsweise durchgeführt, um für die Zucht geeignete Elterntiere zu kennzeichnen. Markierungen werden aber vor allem in der fischereibiologischen und fischökologischen Feldforschung durchgeführt, wo sich Krebse und vor allem die sehr mobilen Neunaugen und Fische in der Regel einer direkten Beobachtung entziehen. Ein Wiedernachweis zuvor gekennzeichneter Exemplare kann hier wesentliche Erkenntnisse erbringen, die z. B. als Grundlage für die Abschätzung von Bestandsdichten genutzt werden (BAGENAL 1978) oder über den Verbleib, den Aktionsradius und die Wanderrouten der Tiere informieren. So fußen wesentliche Einsichten über die ökologische Bedeutung der linearen Durchgängigkeit von Fließgewässern und die laterale Anbindung von Auengewässern auf solchen Fang-Markierungs-Wiederfangprojekten.

Den meisten dieser Untersuchungen war bislang gemein, dass sie ohne tierschutzrechtliche Prüfung durchgeführt wurden. Im Sinne der Kosten- und Zeitersparnis wurde die Markierung zudem in vielen Fällen Laien übertragen, es kamen Verfahren und Methoden zum Einsatz, die die markierten Exemplare ihr Leben lang verstümmeln, ihr Mortalitätsrisiko erhöhen oder ihr Verhalten nachhaltig verändern.

Doch sind nicht sämtliche Markierungsmethoden, zumindest bei sachgerechter Anwendung, mit gravierenden gesundheitlichen Risiken für das Tier verbunden. Um Anwendern und Genehmigungsbehörden eine Entscheidungshilfe bei der Bewertung der ethischen Vertretbarkeit von Markierungsvorhaben an die Hand zu geben, haben ADAM & LINDEMANN (2010) eine entsprechende Risikobewertung der gebräuchlichsten Markierungsverfahren vorgenommen (Abb. 51, Tab. 13).

Es sei an dieser Stelle jedoch ausdrücklich betont, dass sich die Wahl des am besten geeigneten Markierungsverfahrens nicht ausschließlich an dessen Verträglichkeit bemisst. Vielmehr ist es von ebenso großer

Tabelle 13: Beurteilung der Verträglichkeit gängiger Markierungsmethoden

Methode	Risiko	Verträglichkeit
Besatz von Farbvarietäten, bestimmten Entwicklungsstadien oder im jeweiligen Gewässer verschollener Fischarten	Kein Eingriff am Tier erforderlich, deshalb keine markierungsbedingten Risiken.	unbedenklich
Farbmarkierung, Elastomermarkierung (VIE-Tag)	Temporäre oder dauerhafte Gruppenmarkierung durch geringfügigen Eingriff ohne bleibende Schädigung möglich. Geringe markierungsbedingte Mortalität.	geringes Risiko
Coded Wire Tag (CW-Tag), Gruppenmarkierung		
Visible Implant Tag (VIP-Tag)		
kleiner PIT-Tag, subkutan		
großer HDX-Transponder, intraabdominal	Dauerhafte Markierung durch Eingriff mit temporär schädigender Wirkung mit guten Heilungschancen. Allerdings erhöhtes Infektions- und Mortalitätsrisiko, bis der Eingriff verheilt ist, vor allem bei einer Wasserqualität schlechter Güteklasse II.	riskant
Kalt- oder Heißbrand		
Coded Wire Tag (CW-Tag) für individuelle Markierung	Dauerhafte Markierung durch geringfügigen Eingriff ohne bleibende Schädigung, doch ist die Identifikation der Markierung i. d. R. nur nach Tötung des Individuums möglich.	erhöhtes Risiko
externe Erkennungsmarke	Dauerhafte Markierung durch Eingriff mit lebenslanger Wirkung. Hohes Infektions- und Mortalitätsrisiko, zumindest bis der Eingriff verheilt ist. Ggf. Störung des Paarungsverhaltens und damit der Reproduktion.	hoch riskant
Teil- oder Vollamputation		
Telemetriesender, NEDAP Trail® Transponder	Hohes Infektions- und Mortalitätsrisiko, zumindest bis der Eingriff verheilt ist. Zu beachten sind die Größen- und Gewichtsrelationen von Tier und Sender, ggf. erhöhter Prädationsdruck durch Beeinträchtigung der Motorik.	

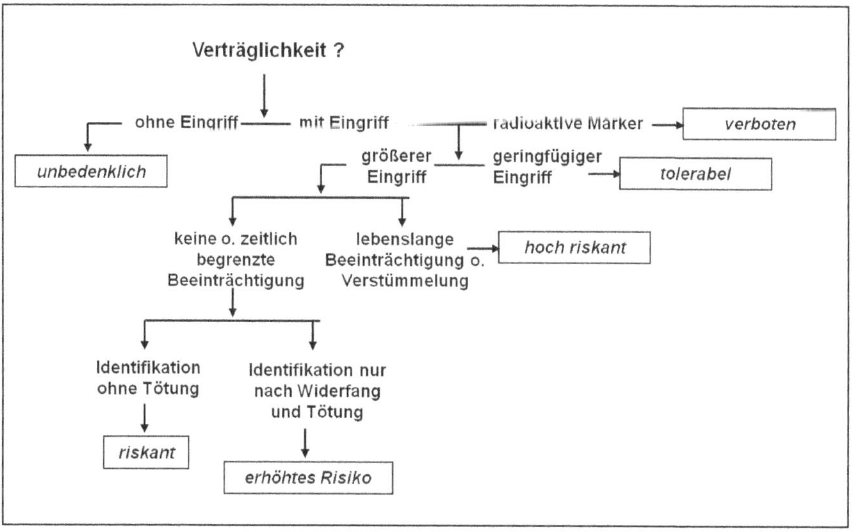

Abbildung 51: Entscheidungsbaum zur Beurteilung der Verträglichkeit von Markierungsmethoden

Bedeutung, dass die gewählte Methode tatsächlich geeignet ist, die Fragestellung des Vorhabens zu bearbeiten. Bei entsprechender Prüfung können sich deshalb ggf. auch Methoden als sinnvoll bzw. notwendig erweisen, die als „hoch riskant“ einzustufen sind.

Im Laufe der vergangenen Jahrzehnte wurden zahlreiche Markierungstechniken entwickelt, darunter auch die radioaktive Kennzeichnung, deren Anwendung allerdings heute verboten ist, da keine radioaktiven Substanzen in die Umwelt eingebracht werden dürfen. Im Folgenden werden die in Deutschland gebräuchlichsten Verfahren vorgestellt, die einen Eingriff im Sinne des Tierschutzgesetzes erforderlich machen. Hierbei wird nach THORSTEINSSON (2002) in externe und interne Markierungsmethoden unterschieden.

10.1 Externe Markierungen

Externe Markierungen wie Farbmarkierungen, Vernarbungen infolge gezielt herbeigeführter Verletzungen und Marken, die am Körper äußerlich sichtbar befestigt werden, dienen in der Regel dazu, das äußere Erscheinungsbild eines Tieres auffällig zu verändern, um so ihre Wiedererkennung zu ermöglichen.

Bei Krebsen ist eine Markierung des verkalkten Exoskeletts problemlos und sogar individuell möglich, wobei zu berücksichtigen ist, dass solche externe Markierungen mit der Häutung des Tieres verloren gehen. Farbmarkierungen können einfach und ohne Leiden für den Krebs auf einer abgetrockneten Stelle des Carapax mit einem wasserfesten Stift oder farbigem Lack vorgenommen werden. Marken, Transponder oder Sender lassen sich auf dem robusten Panzer ankleben. Ein gewisses Risiko bildet allenfalls eine extrem auffällige Kennzeichnung, die die Aufmerksamkeit eines Beutegreifers erregt, so dass die Wahrscheinlichkeit steigt, gefressen zu werden.

Im Vergleich zu Krebsen und höheren Wirbeltieren ist eine dauerhafte oder gar individuelle Kennzeichnung von Neunaugen und Fischen wesentlich schwieriger zu bewerkstelligen, denn die stromlinienförmige Morphologie dieser Tiere ohne Hals und Taille erlaubt keine äußerliche Anbringung von Marken z. B. mittels Bändern oder Gurten. Zudem haften auf der mit einer Schleimschicht überzogenen Haut keine aufgebrachten Farbstoffe oder Marken. Im Falle von Neunaugen und Fischen ist somit jedwede externe Markierung zwangsläufig mit einer Verletzung verbunden. Deshalb besteht immer ein gewisses Infektionsrisiko, zumal die Tiere in offenen Gewässern unter Freilandbedingungen in einem natürlicherweise von Schadstoffen, Keimen und Parasiten befrachteten Milieu leben.

10.1.1 Flossenschnitt

Der Flossenschnitt dient der Markierung einer Gruppe, bei der jedem Tier eine Flosse teilweise oder vollständig amputiert wird. Zwar haben Flossen mit Ausnahme der Fettflosse (Adipose) ein rasches und vollständiges Regenerationsvermögen, doch bleibt eine Verletzung als Verkrüppelung dauerhaft erkennbar, was eine Wiedererkennung begünstigt. Durch die Amputation unterschiedlicher Flossen bzw. -partien ist es möglich, eine begrenzte Anzahl von Chargen voneinander zu differenzieren.

Ein Flossenschnitt wird bevorzugt an der Rückenflosse (Abb. 52) oder den Brustflossen ausgeführt. Bei Salmoniden, d. h. bei Lachsen und Forellen ist es üblich, die Markierung durch Wegschneiden der zwischen

Abbildung 52: Markierung eines Flussbarsches durch Einschnitt in der hinteren Rückenflosse

Rücken- und Schwanzflosse gelegenen, bindegewebigen Fettflosse (Adipose) vorzunehmen (Abb. 53). Allerdings handelt es sich bei der Adipose um ein sekundäres Geschlechtsmerkmal, das bei männlichen Salmoniden dem Imponierverhalten während der Balz dient. Der Verlust dieses Geschlechtsmerkmales kann sich deshalb negativ auf den Reproduktionserfolg auswirken und hat zudem nach Untersuchungen von HAN-

Abbildung 53: Durch Adiposenschnitt verstümmelter Lachs

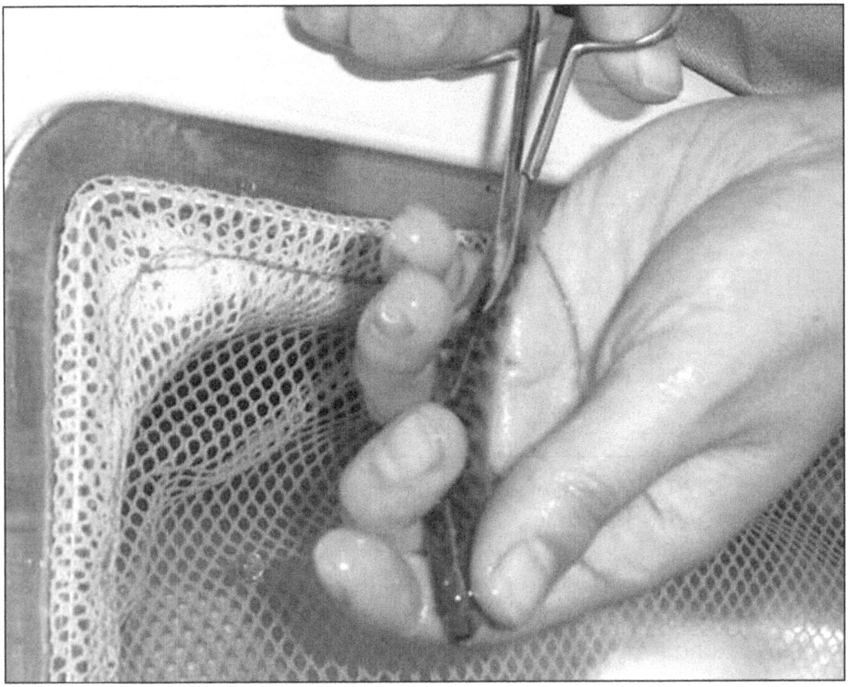

Abbildung 54: Adiposenschnitt

SEN (1988) eine beträchtliche Mortalität zur Folge. Insofern ist von dem seit langem und in zahlreichen nationalen und internationalen Untersuchungsprojekten praktizierten Adiposenschnitt nicht nur bei Salmoniden abzuraten. Stattdessen sollten andere Flossen zur Markierung beschnitten oder andere Methoden angewandt werden.

Vorgehen:

- Der Fisch wird sediert und je nach Größe entweder in der Hand gehalten oder in Seitenlage gebracht.
- Mit einer scharfen Schere oder einem Skalpell wird der für eine Markierung vorgesehene Flossenteil amputiert (Abb. 54). Eine weitere Behandlung der Wunde erfolgt nicht.
- Nach dem Aufwachen kann der Fisch in die Freiheit entlassen werden.

10.1.2 Brandmarken

Brandzeichen sind bei Nutztieren, insbesondere bei Pferden eine traditionelle Methode für die Markierung unterschiedlicher Chargen. Auch eine Markierung von Fischen ist möglich, wobei sowohl Heiß-, als auch Kaltbrandmarken zum Einsatz kommen. Der Effekt ist jeweils, dass die Haut infolge der Einwirkung hoher oder extrem niedriger Temperaturen geschädigt wird und im Rahmen der Wundheilung vernarbt, so dass eine lebenslange Wiedererkennung sichergestellt ist (Abb. 55). Nach der Markierung unterliegt der Fisch einem erhöhten Infektionsrisiko, da Schleimschicht und Haut sowie ggf. auch das subkutane Bindegewebe flächig zerstört sind und erst allmählich heilen.

Vorgehen bei der Markierung mit Brandmarken:

- Der Fisch wird sediert und in Seitenlage gebracht.
- Ein Metallstempel geeigneter Größe wird in glühender Holzkohle oder in einer Gasflamme erhitzt und kurz auf die Flanke des Fisches aufgesetzt.
- Alternativ hierzu kann der Metallstempel auch in flüssigem Stickstoff herunter gekühlt werden. Hierbei sind die einschlägigen Sicherheitsbestimmungen für den Transport und den Umgang mit dieser –196 °C kalten Substanz zu berücksichtigen.
- Nach dem Aufwachen wird der Fisch in die Freiheit entlassen.

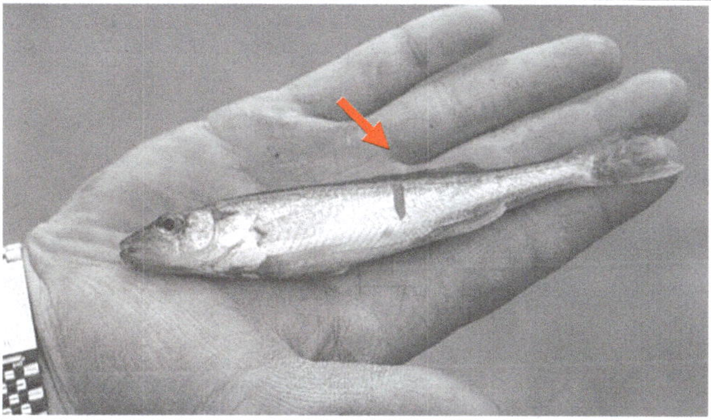

Abbildung 55: Kaltbrandmarke

10.1.3 Farbmarkierungen

Farbmarkierungen erlauben eine vergleichsweise rasche, kostengünstige und äußerlich erkennbare Kennzeichnung von Tieren. Sofern mehrere Farben verwandt und die Markierungen auf unterschiedliche Körperstellen verteilt werden, ist auch eine Differenzierung verschiedener Gruppen oder sogar von Individuen möglich. Während sich Krebse durch das Aufbringen wasserunlöslicher Lacke auf den Panzer zumindest bis zur nächsten Häutung markieren lassen, müssen bei Neunaugen und Fischen Farbstoffe oder wasserunlösliche Farbpigmente möglichst unter die Haut appliziert werden. Um eine gute Wiedererkennung zu ermöglichen, erfolgt dies vorzugsweise an gering- oder unpigmentierten Hautpartien auf der Ventralseite, den Flossenansätzen oder im Bereich der Augen. Allerdings verblassen die Farben mit der Zeit und sind in der Regel nach etwa sechs Monaten kaum mehr sichtbar.

Neben primär in der Histologie eingesetzten Farbstoffen, kommen für die Kennzeichnung von Fischen auch humane Tätowierfarbstoffe in Betracht (Tab. 14), die in großer Farbauswahl preisgünstig erhältlich sind. Die als Pulver gehandelten reinen Farbpigmente werden in der Regel in einer leicht alkoholischen Lösung gelöst oder als Emulsion appliziert (Abb. 56). Während die Eigenschaften chemisch reiner Farbstoffe bekannt sind, machen die Hersteller bzw. Vertreiber von Tätowierungsfarbstoffen in der Regel keine Angaben zur Zusammensetzung ihrer Farbstoffe. Es ist begründet davon auszugehen, dass die meisten dieser Mischungen giftige Komponenten enthalten, was insbesondere hinsichtlich der potenziellen Verkehrs- und Verzehrsfähigkeit eines farbmarkier-

Abbildung 56: Farblösung (links) und Emulsion eines Tätowierungsstoffes (rechts)

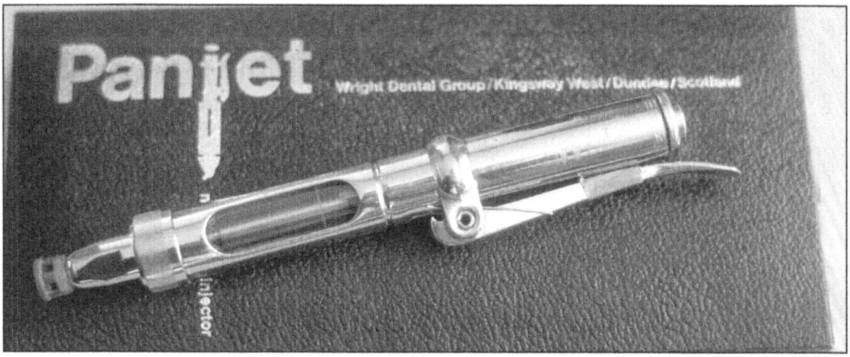

Abbildung 57: Panjet

ten Fisches zu beachten ist. Vor diesem Hintergrund fordern die in einem Projektgebiet zuständigen Fischereibehörden zumeist, dass zumindest Angler- und Fischerkreise über eine Markierungsaktion informiert werden.

Grundsätzlich ist eine Applikation von Farblösungen oder -emulsionen per Spritze mit einer großen Kanüle möglich. Die so erzeugten Markierungspunkte sind jedoch häufig für eine sichere Wiedererkennung zu klein. Eine großflächigere Verteilung der Farben in der Haut, d. h. größere Farbpunkte werden mit Hilfe eines so genannten „Panjets" erzeugt, bei dem der Farbstoff mit Druckluft in das Unterhautgewebe geschossen wird (Abb. 57). Das aus der Veterinärmedizin stammende, nadellose Instrument wurde ursprünglich für die Reihenapplikation von Lokalanästhetika entwickelt. Heute ist es das Standardwerkzeug für die Beibringung von Farbmarkierung bei Neunaugen und Fischen (GOLLMANN et al. 1986).

Tabelle 14: Für die Markierung von Fischen gebräuchliche Farbstoffe

Substanzklasse	Stoffe und deren Eigenschaften
Azofarbstoffe, z. B. Alcianblau 8 GS	hoch giftige Lösung
Fluoreszenzelastomere	hoch giftige Lösung
Acrylfarbstoffe	giftige Farbemulsion
Tätowierungsfarbstoffe	Farbemulsion unbekannter Giftigkeit

Vorgehen bei Farbmarkierungen mittels Panjet:

- Alkoholische oder sterilisierte wässrige Lösungen mit den jeweils darin gelösten oder emulgierten Farbstoffen bzw. -pigmenten sind praktisch unbegrenzt haltbar und werden nach folgenden Rezepturen hergestellt:

  a. Farblösung mit Alcyanblau 8 GS:
  30 Gramm Alcyanblau 8 GS werden in 100 Milliliter kochendem Aqua demin. gelöst. Der abgekühlten und filtrierten Flüssigkeit werden 25,5 Gramm Sterilisationslösung, z. B. Chlorhexamed oder Sterilon zugesetzt.

  b. Farbemulsion mit Tätowierungsfarbstoffen:
  20 Gramm Pulver eines Tätowierfarbstoffes werden in 50 Milliliter 70 %-igem unvergällten Ethanol oder Isopropanol kalt durch intensives Schütteln aufgenommen. Vor der Benutzung muss die Emulsion gründlich aufgeschüttelt werden, um die sich allmählich absetzenden Farbpigmente wieder in der Flüssigkeit zu verteilen.

- Der Fisch wird sediert und auf der Seite liegend oder rücklings positioniert.
- Der mit dem Farbstoff gefüllte Druckluftapplikator wird auf eine weitgehend unpigmentierte Hautpartie des Fisches aufgesetzt und der Auslösemechanismus betätigt, so dass die Farbe in die Haut geschossen wird (Abb. 58).
- Bei Anwendung von Druckluft ist der Bedarf an Farbstoff wesentlich größer, als das tatsächlich applizierte Volumen, da ein Überschuss des Farbstoffes nicht in das Gewebe eindringt, sondern von der Körperoberfläche abspritzt. Für die Markierung von 100 Fischen werden etwa 10 Milliliter Farblösung benötigt.
- Frisch nach der Applikation sind die Farbpunkte noch filigran (Abb. 59), doch verteilt sich der Farbstoff im Laufe der Zeit im Bindegewebe, so dass die Markierung nach einigen Stunden „aufblüht" und deutlicher wird.
- Unmittelbar nach dem Markierungsvorgang ist oft nicht zu erkennen, ob die Farbe tatsächlich unter die Haut gedrungen und der Fisch hin-

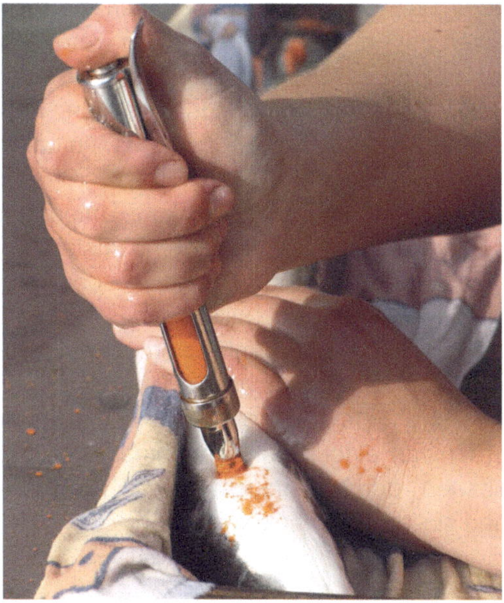

Abbildung 58: Der größte Teil des Farbstoffes dringt bei der Markierung mittels Panjet nicht in die Haut ein

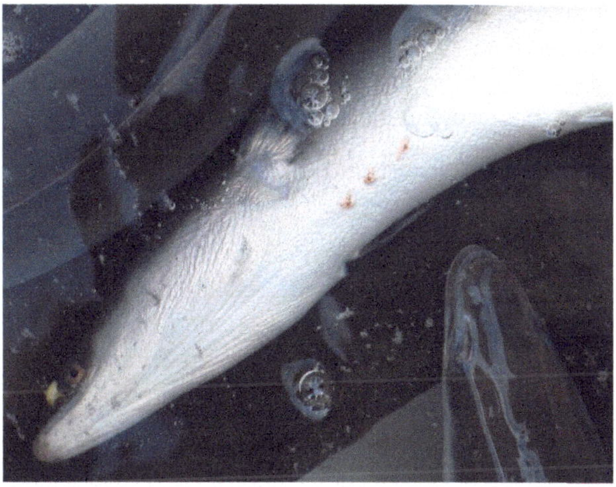

Abbildung 59: Drei frisch gesetzte, noch unscheinbare Farbpunkte auf der Bauchseite eines Aals

reichend gekennzeichnet ist. Deshalb sollten die Fische zunächst in ein Hälterbecken mit Frischwasser überführt werden. Nach etwa zwei Stunden wird nochmals die Sichtbarkeit der Kennzeichnung kontrolliert. Je nach Fischart, Entwicklungsstadium, Farbstoff und -ton kann es erforderlich sein, bis zu 10 % der Fische nachzumarkieren.

Das Herauslösen von Farbstoffen aus dem Unterhautgewebe des - Fisches kann durch Beimischung flüssiger Kunststoffe, so genannter Elastomere, verringert und damit die Haltbarkeit der Farbmarkierung erhöht werden. Diese Markierungstechnik wird als Visible Implant Elastomer Tagging (VIE-Tag) bezeichnet. Von einem amerikanischen Hersteller wird beispielsweise ein Set mit sechs verschiedenen, fluoreszierenden Farbstoffen samt Zubehör angeboten (Abb. 60). Die gelartigen Farbdispersionen werden mit einer Spritze subkutan injiziert. Die gesetzten Markierungen können durch Anleuchten mit portablen Fluoreszenzlampen im Freiland sichtbar gemacht werden.

Vorgehen bei der VIE Markierung:

- In unvermischtem Zustand ist der Kunststoff etwa 12 Monate im Kühlschrank lagerfähig; die Farbstoffe können im Dunkeln grundsätzlich unbegrenzt aufbewahrt werden. Zur Vorbereitung der Markierung werden Farbstoff und Elastomer gemäß den Herstellerangaben miteinander vermischt. Nach etwa einer Stunde Reifezeit ist das farbige Gel für die Anwendung bereit und kann etwa 24 Stunden lang appliziert werden, bevor es aushärtet.
- Der Fisch wird narkotisiert und auf der Seite liegend oder rücklings positioniert.
- Ein spezieller Applikator oder eine Spritze mit wenigen Millilitern Volumen wird mit Elastomerfarbstoff befüllt. Die Injektionsnadel wird möglichst weit, aber flach unter eine gering pigmentierte Hautpartie geschoben (Abb. 61). Erst beim langsamen Zurückziehen der Kanüle wird ein Streifen Farbstoff mit stetem Druck in den Stichkanal eingebracht.
- Nach dem Aufwachen kann der Fisch in die Freiheit entlassen werden.

Abbildung 60: Injektion eines Fluoreszenzelastomers

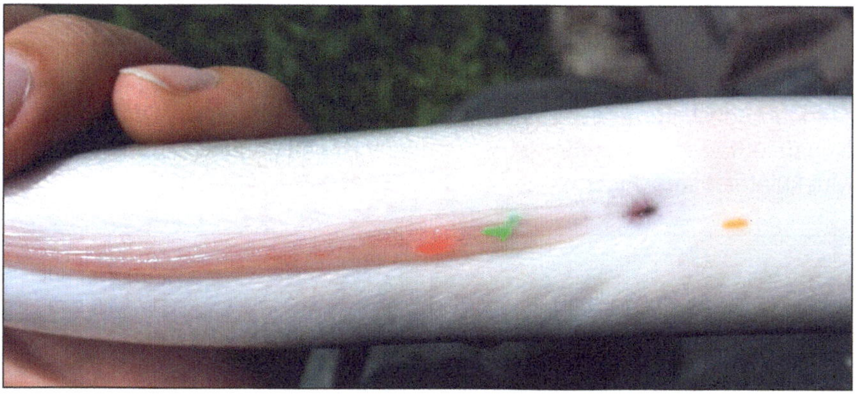

Abbildung 61: Farbcodierung eines Aals mit Elastomerfarbstoffen

10.1.4 Externe Erkennungsmarken

In großem Stil wurden externe Erkennungsmarken erstmals in den 1960er Jahren von CARLIN eingesetzt, um das Wanderverhalten und insbesondere das Heimfindevermögen von Lachsen in der nördlichen Ostsee zu untersuchen (CARLIN 1969). Er verwendete dazu kleine, mit

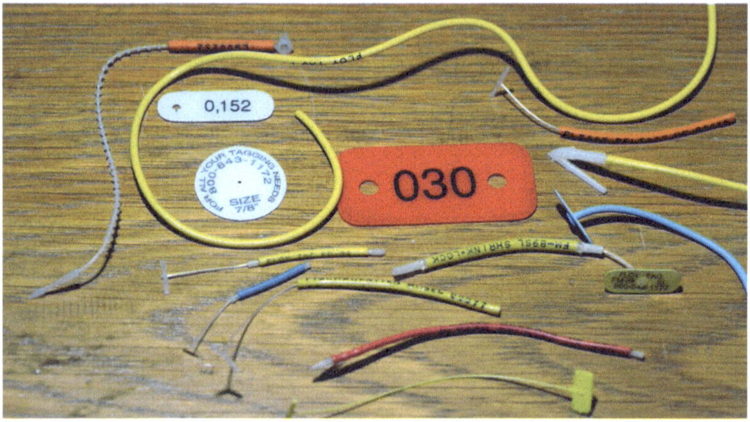

Abbildung 62: Diverse handelsübliche Marken zur externen Markierung von Fischen

Nummern bedruckte Metallplättchen an Silberdrähten, die zur Befestigung am Fisch unterhalb der Rückenflosse durch die Muskulatur gestochen wurden. Neben diesen Carlin-Tags sind heute zahlreiche weitere Markierungssysteme im Einsatz (Abb. 62), um Marken an Drähten oder Kunststofffäden mit unterschiedlichsten Befestigungssystemen in der Muskulatur eines Fisches zu verankern (Abb. 63). Solche externen Er-

Abbildung 63: Zwei in der Muskulatur am Flossenansatz befestigte Kunststoffmarken

kennungsmarken, die je nach Hersteller unter verschiedenen Namen gehandelt werden, z. B. Floy-Tag, T-Bar Anchor-Tag, Spaghetti-Tag etc., lassen sich mit Hilfe spezieller Serienapplikatoren vergleichsweise einfach anbringen, sind kostengünstig und können mit Informationen bedruckt werden. Weil sie zudem dauerhaft gut sichtbar sind und eine individuelle Kennzeichnung auch einer großen Anzahl von Fischen erlauben, erfreuen sie sich bis heute großer Beliebtheit. Auch für die Markierung von Krebsen werden externe Marken nach dem Carlin-System eingesetzt. Ein weiteres Markierungsverfahren verwendet codierte Klammern aus Aluminium, die als Self Piercing Tags bezeichnet werden. Eine solche mit einem Enddorn bewehrte Klammer wird mit Hilfe einer Zange am Kiemendeckel des Fisches befestigt.

Der wesentliche Nachteil externer Marken bei Neunaugen und Fischen besteht darin, dass sie in der Muskulatur fixiert werden, was an der Verankerungsstelle der sich ständig bewegenden Marke die Wundheilung beeinträchtigen kann und ein permanentes Infektionsrisiko birgt. Begünstigt werden markierungsbedingte Erkrankungen von Fischen vor allem in Gewässern mit schlechter Wasserqualität und wenn die Marke ungünstig platziert ist, z. B. auf der Bauchseite, im Bereich der Brustflossen oder am Kiemendeckel. Mit externen Marken gekennzeichnete Tiere versuchen zudem nicht selten sich des Fremdkörpers durch Reibung an Hartgegenständen zu entledigen, was eine Entzündung der Verankerungsstelle oder ein Herausreißen der Marke zur Folge haben kann.

In Konsequenz zeigen mit externen Marken gekennzeichnete Tiere häufig Wachstumsdepressionen und magern ab; die markierungsbedingte Mortalität erreicht nicht selten mehr als 50 % (HANSEN 1998, GROSCH et al. 1977). Schließlich sprechen auch ästhetische Gründe gegen die Anbringung externer Marken, indem beispielsweise das äußere Erscheinungsbild von Zuchtstören verunziert wird.

Um eine Verankerung von Fremdkörpern in der Muskulatur und das damit verbundene Infektionsrisiko zu vermeiden, werden verschiedentlich Kunststoffbänder eingesetzt, die in das Maul des Fisches eingeführt, aus den Kiemen heraus gefädelt und ringförmig geschlossen werden (Abb. 64). Da auf diese Weise allerdings die Nahrungsaufnahme und Respiration der markierten Individuen massiv beeinträchtigt wird, sind derartige Markierungssysteme abzulehnen.

Abbildung 64: Durch Maulhöhle und Kiemenöffnung gezogenes Plastikband

Vorgehen beim Anbringen externer Erkennungsmarken:

- Der Fisch wird sediert und in Bauch- oder Seitenlage gebracht.
- Zur Befestigung von externen Marken an rostfreien Silberdrähten werden zwei Kanülen in etwa ein Zentimeter Abstand parallel zueinander durch die Muskulatur des Tieres, unterhalb der Rückenflosse gestochen. Das Innenmaß der Kanülen muss etwas größer sein, als der Durchmesser des Drahtes. Die beiden Drahtenden werden durch die Kanülen auf die andere Körperseite gefädelt. Danach werden die Kanülen aus dem Fleisch des Fisches heraus gezogen und die Enden der Befestigungsdrähte miteinander verdrillt.
- Marken an Kunststofffäden werden mit Hilfe eines für das jeweilige System passenden Applikators in der Rückenmuskulatur verankert (Abb. 65).
- Nach dem Aufwachen wird der Fisch in die Freiheit entlassen.

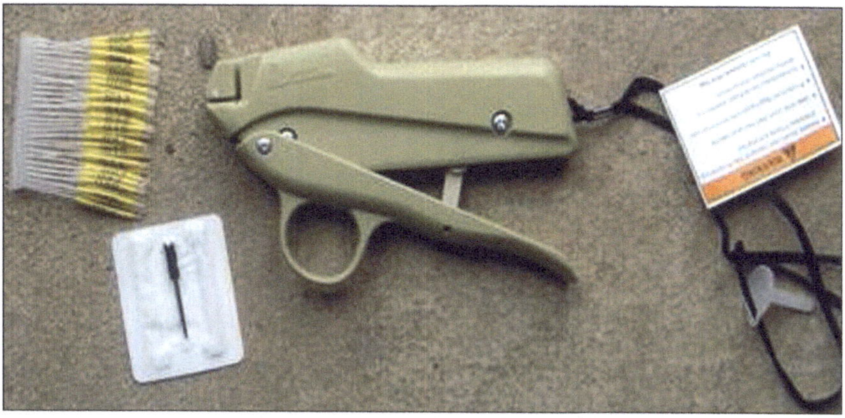

Abbildung 65: Applikator für die serienmäßige Befestigung externer Kunststoffmarken

10.1.5 HI-Z Turb´N Tags®

Dieses spezielle Kennzeichnungsverfahren wurde für die kurzzeitige Markierung zur Untersuchung der Mortalität von Fischen durch Wasserkraftwerke oder andere wasserbauliche Anlagen entwickelt (HEISEY et al. 1993). Hierzu wird in der Muskulatur eines Fisches eine Kapsel befestigt, die zwei getrennte Chemikalien enthält. Bevor der Fisch über eine Rohrleitung einem ihm gefährlichen Bereich einer wasserbaulichen Anlage zugeführt wird, werden die beiden Chemikalien miteinander in Kontakt gebracht, worauf sich ein Gas entwickelt. Dieses Gas füllt einen oder mehrere Ballons, die den Fisch nach der Passage des fraglichen Gefahrenbereichs an die Wasseroberfläche ziehen (Abb. 66), wo er aufgesammelt und auf Verletzungen hin untersucht werden kann. Der Einsatz von HI-Z Turb´N® Tags ist oftmals die einzige Methode, um beispielsweise die Mortalitätsraten abwandernder Fische durch Turbinen oder die Wirksamkeit von Fischschutz- und Fischabstiegsanlagen zu ermitteln (OLIVEIRA & PRESSIAT 2011).

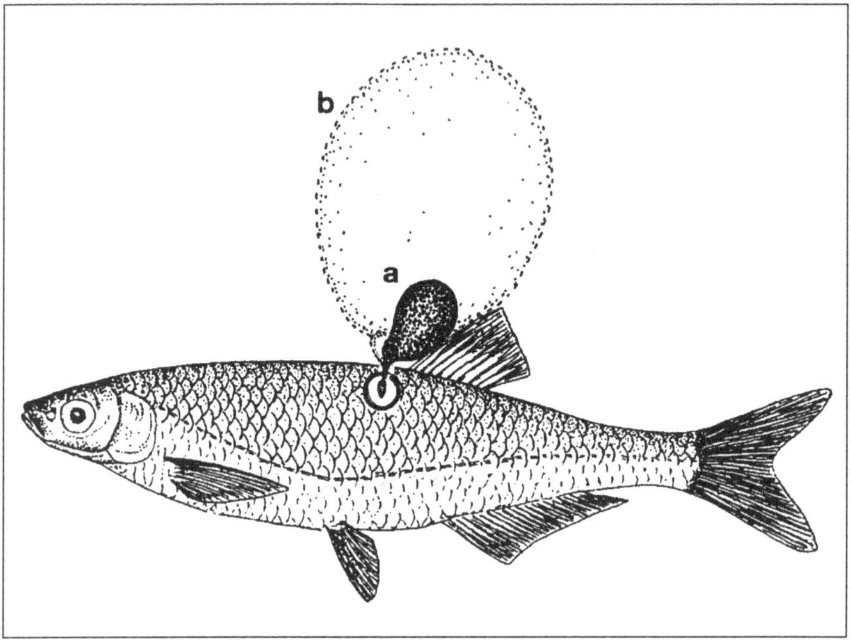

Abbildung 66: Mit HI-Z Turb'N® Tag markierter Fisch: a) kollabierter und b) expandierter Zustand des Ballons

10.2 Interne Markierungen

Als interne Markierung werden Kennzeichnungen eingestuft, die unter die Haut (subkutan) oder in die Bauhöhle (intraabdominal) von Neunaugen und Fischen implantiert oder über das Maul in den Magen (gastrointestinal) geschoben werden. Für die Einordnung als interne Markierung ist es unerheblich, ob diese äußerlich erkennbar ist oder nur mit Hilfe von Geräten identifiziert werden kann. Die Schwere des Eingriffs kann bei diesen Markierungsverfahren sehr unterschiedlich sein:

- Kleine interne Markierungen wie Visible Implant Tags (VIP-Tags), Coded Wire Tags (CW-Tags) und Passive Integrated Transponder Tags (PIT-Tags) werden subkutan injiziert bzw. eingeführt. Dies ist ein vergleichsweise harmloser Eingriff, doch muss hierbei darauf geachtet werden, dass keine Sinnesorgane verletzt werden. Besonders gefährdet ist das für die Wahrnehmung von Strömungen und damit für die Orientierung wichtige Seitenlinienorgan.

- Eine nicht-operative Form der internen Markierung stellt die orale Einführung durch den Oesophagus dar. Auf diese Weise werden vor allem telemetrische Sender im Magen von Fischen appliziert. Der Eingriff an sich ist mit vergleichsweise geringen Risiken für das Tier verbunden, doch behindert der Sender den Fisch auf Dauer bei der Nahrungsaufnahme und der Verdauung, sofern er nicht früher oder später erbrochen wird.

- Eine intraabdominale Applikation erfolgt vor allem bei HDX- und NEDAP-Trail® Transpondern sowie telemetrischen Sendern. Hierbei handelt es sich um einen operativen Eingriff, bei dem ein Schnitt gesetzt wird, durch den der Transponder oder Sender in der Bauchhöhle des Fisches abgelegt wird. Von entscheidender Bedeutung ist hierbei die richtige Schnittposition um das Risiko zu minimieren, innere Organe oder Gefäße zu verletzen. Zudem dient eine günstige Platzierung des Eingriffs dazu, die Lokomotion des Fisches so wenig wie möglich zu beeinträchtigen und zu gewährleisten, dass die Operationswunde rasch und mit geringem Infektionsrisiko verheilt. Die optimale Schnittposition ist maßgeblich von der Morphologie und Anatomie der einzelnen Arten abhängig. In Tab. 15 sind die Positionen für ausgewählte Arten aufgeführt.

Tabelle 15: Optimale Schnittposition für die intraabdominale Markierung verschiedener Neunaugen- und Fischarten

<table>
<tr><th colspan="2">Neunaugen</th></tr>
<tr><td>Flussneunauge</td><td rowspan="2">lateral der Medianebene am Übergang der farblosen Ventralseite zur Pigmentierung etwa um die Länge der Kiemenleiste caudad</td></tr>
<tr><td>Meerneunauge</td></tr>
<tr><th colspan="2">Fische</th></tr>
<tr><td>Aland</td><td rowspan="9">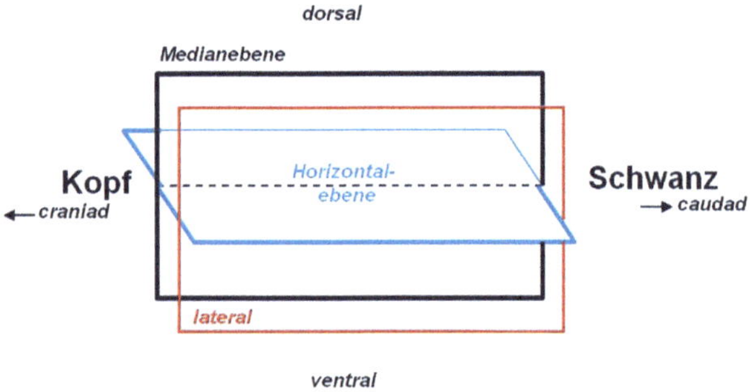

ventrolateral der Medianebene am caudalen Ende der Brustflosse (Abb. 67)</td></tr>
<tr><td>Barbe</td></tr>
<tr><td>Brachsen</td></tr>
<tr><td>Döbel</td></tr>
<tr><td>Rapfen</td></tr>
<tr><td>Lachs</td></tr>
<tr><td>Meerforelle</td></tr>
<tr><td>Quappe</td></tr>
<tr><td>Schnäpel</td></tr>
<tr><td>Zander</td><td>ventrolateral nahe der Medianebene caudad am Ende der Bauchflosse (Abb. 68)</td></tr>
<tr><td>Flunder</td><td>auf der ventralen Blindseite 1 Zentimeter craniad des Afters über der Afterflosse (Abb. 69)</td></tr>
<tr><td>Aal</td><td>ventrolateral der Medianebene 1 Zentimeter caudad dem Ende der Brustflosse (Abb. 70)</td></tr>
</table>

Abbildung 67: Günstigste Schnittposition bei Salmoniden (Meerforelle)

Abbildung 68: Günstigste Schnittposition bei Perciden (Zander)

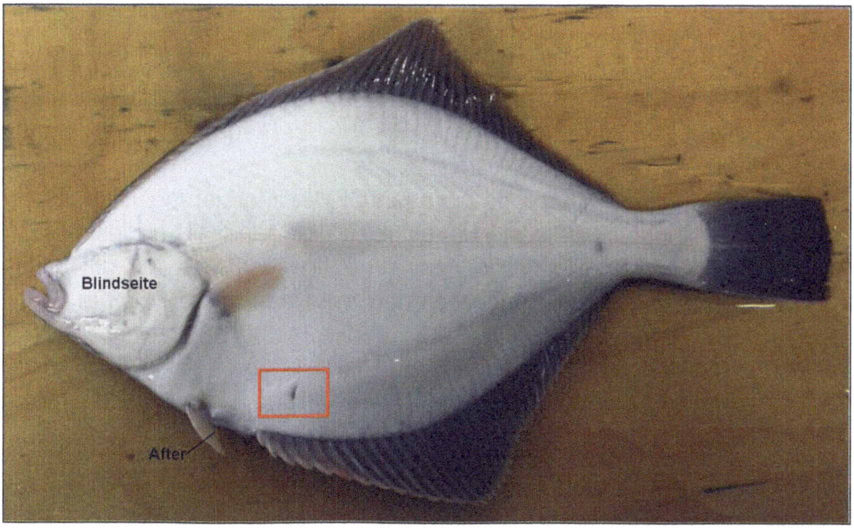

Abbildung 69: Günstigste Schnittposition bei einer Flunder

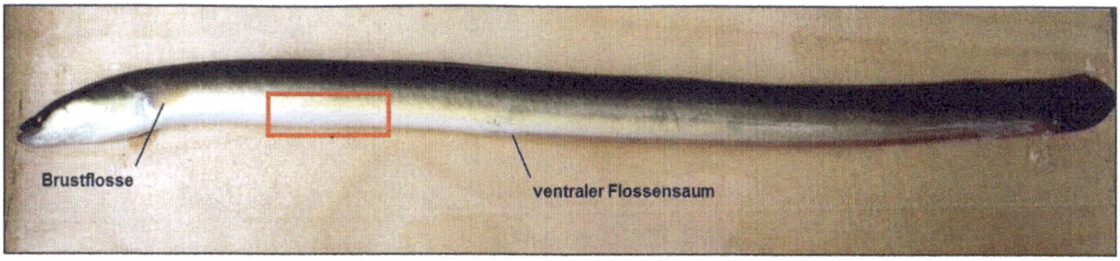

Abbildung 70: Günstigste Schnittposition beim Aal

10.2.1 Visible Implant Tag (VIP-Tag)

Bei Visible Implant Tags (VIP-Tags) handelt es sich um 5 mal 2 Millimeter große Plastikplättchen, die mit einer alphanumerischen Zeichenfolge bedruckt sind. Sie werden unter unpigmentierte, durchscheinende Hautpartien des Fisches geschoben, z. B. am Auge (Abb. 71). Die VIP-Tags und die für die Implantation erforderlichen Einzel- und Serienapplikatoren werden vom Hersteller geliefert; die Markierung erfolgt gemäß dessen Empfehlungen vorzugsweise unter Narkose. Aufgrund der geringen Größe einer Marke ist der Eingriff vergleichsweise unproblematisch und die Beeinträchtigung des Tieres nur von kurzer Dauer, zumal die winzige Operationswunde binnen kurzer Zeit vollständig abheilt. Das Ablesen der individuellen Codierung kann am lebenden, leicht sedierten Tier unter dem Binokular erfolgen, was allerdings bei sehr großen Exemplaren kaum mehr gelingt.

Die geringe Größe und Unscheinbarkeit der Markierung ist ein entscheidender Nachteil, denn sie ist leicht zu übersehen. Um dies auszugleichen, werden die markieren Fische häufig zusätzlich mit gut sichtbaren externen Kennzeichnung versehen, was freilich die Vorteile eines VIP-Tags weitgehend konterkariert. Zudem verschlechtern sich die Lesbarkeit und damit die Wiedererkennung der Markierung mit zunehmendem Alter des Fisches, da Dicke und Pigmentierung der Haut zunehmen.

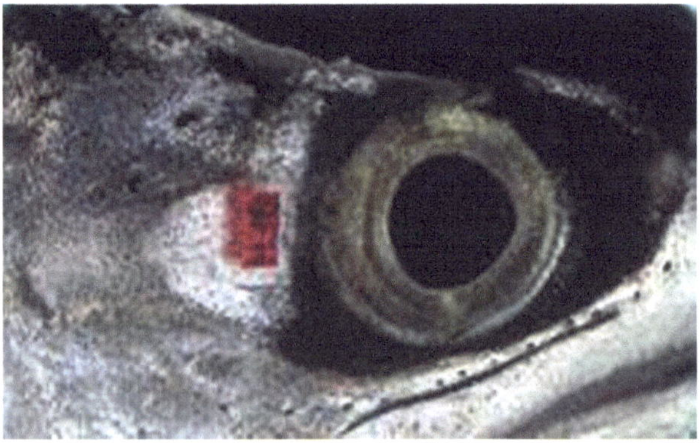

Abbildung 71: VIP-Tag in der Haut neben dem Auge eines Fisches

10.2.2 Coded Wire Tag (CW-Tag)

Bei Coded Wire Tags (CW-Tags) handelt es sich um winzige 1 mal 0,25 Millimeter große Metalldrahtstücke, die dem sedierten Fisch mit speziellen Applikatoren im Schnauzenbereich unter die Haut injiziert werden (Abb. 72 und 73). Gruppen so gekennzeichneter Fische können beim Wiederfang mit Hilfe eines Metalldetektors nachgewiesen werden (Abb. 74). Darüber hinaus ist eine individuelle Kennzeichnung von Fischen möglich, da jeder CW-Tag einen Code aus Kerben trägt. Zum Zwecke der Decodierung und damit der Identifizierung eines Individuums muss das Metalldrahtstück allerdings operativ entfernt werden, was in der Regel den Tod des Tieres bedeutet.

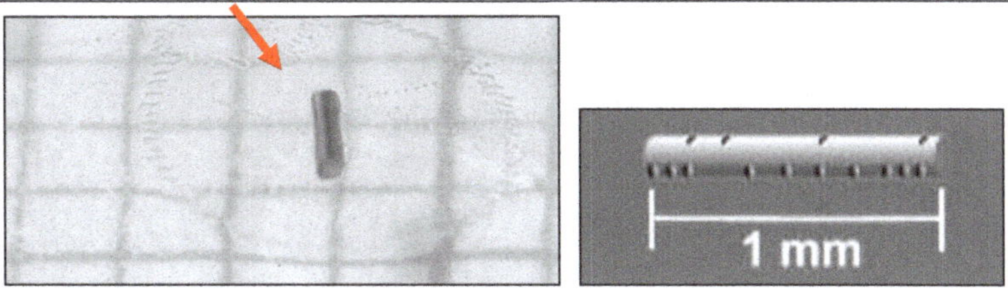

Abbildung 72: CW-Tag mit einem Code aus Kerben

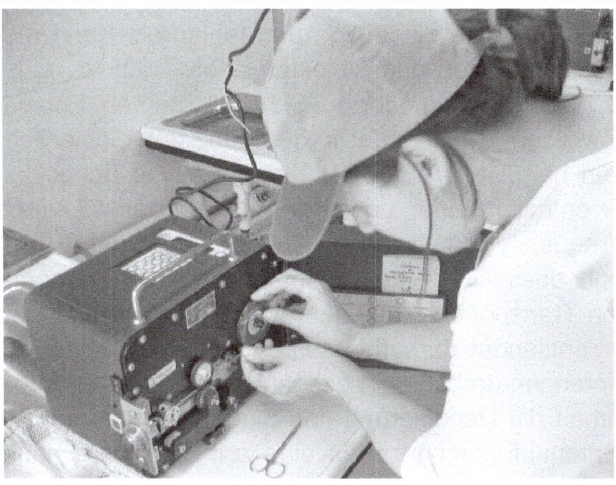

Abbildung 73: Applikator für das Einschießen eines CW-Tags unter die Haut im Schnauzenbereich eines Fisches

Abbildung 74: Detektor für CW-Tags

10.2.3 Transponder

Transponder sind elektronische Kennzeichnungssysteme, die überall eingesetzt werden, wo eine eindeutige und fehlerfreie Kennzeichnung und Identifizierung von Waren und Objekten erforderlich ist, z. B. in der industriellen Lagerverwaltung oder bei Schließsystemen. Entsprechend der Anwendung werden Transponder in den ganz unterschiedlichen Größen und Formaten hergestellt, z. B. als Knopf oder im Scheckkartenformat. Transponder enthalten einen codierten Ferritkern sowie eine Spule. Das als Radio Frequency Identification (RFID) bezeichnete Funktionsprinzip beruht darauf, dass eine externe Antenne mittels elektromagnetischer Kopplung den Transponder auf einer festgelegten Frequenz aktiviert. Der Transponder entsendet daraufhin seinen Code als Signal, das von der Antenne empfangen und an ein Lesegerät weiter geleitet wird. Das Lesegerät übernimmt die Decodierung des Signals und sorgt in Kombination mit einem Datenaufnahmegerät für eine zeit- und ortsgenaue Registrierung des Codes (Abb. 75). Derzeit sind für die RFID zwei unterschiedliche Techniken im Einsatz, die sich hinsichtlich der Art der Kommunikation von Antenne und Transponder unterscheiden:

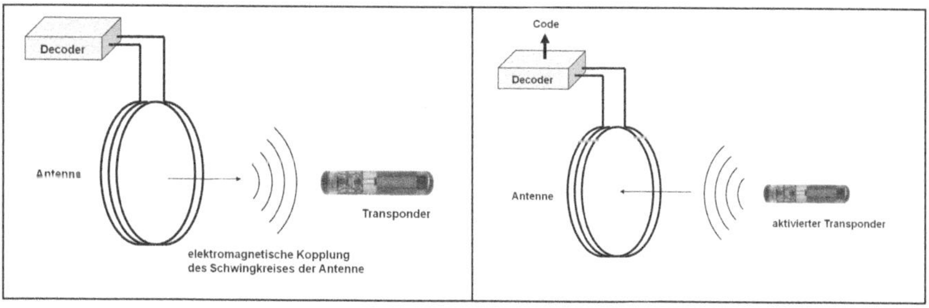

Abbildung 75: Funktionsprinzip der RFID-Technologie: Durch den Schwingkreis einer Antenne wird der Transponder bei Annäherung aktiviert (links); sodann sendet er sein Signal aus, das von der Antenne empfangen und von einem Lesegerät decodiert wird (rechts)

- Bei der Half-Duplex (HDX) Technik kommunizieren Antenne und Transponder auf derselben Frequenz. Deshalb arbeitet die Antenne zweiphasig, indem sie über etwa 50 Millisekunden Energie zur Aktivierung ggf. in ihrer Reichweite befindlicher Transponder aussendet und in der nächsten, gleich langen Phase auf die Signale aktivierter Transponder lauscht.
- Bei der Full-Duplex (FDX) Technik arbeiten der Schwingkreis der Antenne und das Signal des Transponders auf einer geringfügig voneinander abweichenden Frequenz, was eine zeitgleiche und unterbrechungsfreie Kommunikation ermöglicht.

Transponder werden zunehmend auch für die Markierung von Tieren eingesetzt, da sie eine lebenslang haltbare, unverwechselbare und vor allem individuelle Kennzeichnung erlauben. Als Bioglas ummantelte Implantate mit besonders guter Gewebeverträglichkeit sind Transponder gleichermaßen für die Markierung landlebender Tiere, als auch von Neunaugen und Fischen geeignet. Zumindest bei kleinen als PIT-Tags bezeichneten Transpondern (Passive Integrated Transponder) ist der für die Markierung eines Tieres erforderliche Eingriff vergleichsweise harmlos: Ein gewisses Infektionsrisiko besteht lediglich bis die Injektions- oder Schnittwunde verheilt ist. Danach aber wird der Fisch zeit seines Lebens in keiner Weise durch den Transponder behindert oder gar beeinträchtigt.

Tabelle 16: Technische Charakteristika verschiedener Transpondersysteme zur Markierung von Neunaugen und Fischen

<table>
<tr><th>Transpondertyp</th><th>Länge x Dicke [mm]</th><th>Gewicht [g]</th><th>Hersteller</th><th>Frequenz [kHz]</th><th>Prinzip</th><th>Signal</th></tr>
<tr><td rowspan="2">kleine PIT-Tags</td><td>11,5 x 2,12</td><td>0,1</td><td>SIEMENS u. a.</td><td>125</td><td rowspan="4">RFID</td><td>FDX</td></tr>
<tr><td>12,0 x 2,12</td><td>0,1</td><td rowspan="3">TEXAS INSTRU-MENTS</td><td rowspan="3">134,2</td><td rowspan="3">HDX</td></tr>
<tr><td rowspan="2">große PIT-Tags</td><td>23,0 x 3,9</td><td>0,7</td></tr>
<tr><td>32,0 x 3,9</td><td>1,0</td></tr>
<tr><td>NEDAP Trial®</td><td>divers, z. B.
38,0 x 18,0
62,0 x 15,0
85,0 x 15,0</td><td>11,5
26,5
38,9</td><td>NEDAP</td><td>33,25</td><td>RFID, batterie-verstärkt</td><td>nicht bekannt</td></tr>
</table>

Ein weiteres Argument für diese Markierungstechnik ergibt sich aus der unkomplizierten Erkennung transpondierter Exemplare, z. B. nach einem Wiederfang mit einem Handlesegerät, das den registrierten Code direkt und damit fehlerfrei speichern kann. Als besonderer Vorteil gegenüber anderen Methoden erweist es sich aber vor allem, dass markierte Tiere nicht unbedingt wieder gefangen werden müssen, sondern ihre Präsenz mit Hilfe von im Gewässer und vor allem in Fischwegen installierten Antennen bei allen Witterungs- und Abflussbedingungen, zeit- und ortsgenau registriert werden kann.

Allerdings wird die Detektionsreichweite maßgeblich von der Größe der im Transponder enthaltenen Spule und damit von der Größe des Implantats limitiert. Um die Reichweite zu erhöhen wird deshalb beim NEDAP Trial® System das Transpondersignal mit Hilfe einer zusätzlichen Batterie verstärkt, wodurch solche Transponder vergleichsweise groß sind und ihre Lebensdauer begrenzt ist (Kap 11.2.3.3). Aktuell sind verschiedene Transpondersysteme auf dem Markt, die sich für die Kennzeichnung von Neunaugen und Fischen grundsätzlich eigen (Tab. 16).

10.2.3.1 Kleiner PIT-Tag

Seit den 1990er Jahren werden kleine PIT-Tags von ca. 12 mm Länge und 2 mm Durchmesser in der veterinärmedizinischen Praxis und in der

Tierhaltung zur individuellen Kennzeichnung von Haus-, Zoo- und Zuchttieren eingesetzt (BEHLERT 1992 u. a.), ohne dass hierfür eine Genehmigung erforderlich wäre. Für die Markierung von Wildtieren und in der freien Natur hingegen fordern die Veterinärbehörden der meisten Bundesländer einen tierschutzrechtlichen Antrag oder zumindest eine Anzeige. Dies gilt auch im Falle von Neunaugen und Fischen.

Das vorrangige Ziel der Entwicklung kleiner PIT-Tags war eine zuverlässige und vor allem fälschungssichere Markierung wertvoller Sportpferde und Zuchttiere. Um Manipulationen vorzubeugen sollten sie möglichst so klein sein, so dass sie nur schwer zu lokalisieren und operativ nicht spurlos zu entfernen sind. Darüber hinaus hat die geringe Größe den Vorteil, dass kleine PIT-Tags per Kanüle subkutan injiziert werden können, wodurch die Schwere des Eingriffs minimiert wird.

Nachteilig wirkt sich die geringe Größe hingegen in Form einer entsprechend geringeren Detektionsreichweite aus: Kleine PIT-Tags können nur über kurze Distanzen von 30 bis maximal 50 Zentimeter von der zugehörigen Antenne empfangen werden.

In der Fischzucht besteht jederzeit die Möglichkeit, transpondierte Fische zu fangen, um sie mit Handlesegeräten zu identifizieren. Kleine PIT-Tags kommen auch in der Tierhaltung zum Einsatz, wo es beispielsweise darum geht, die Aktivität von Fischen in Becken begrenzter Größe automatisch zu überwachten (ADAM & SCHWEVERS 1992, ADAM & SCHWEVERS 1996, ADAM & SCHWEVERS 2006). Im Freiland eignen sich kleine PIT-Tags hingegen nur für die Überwachung von Durchlässen kleiner Dimension in Fischauf- und Fischabstiegsanlagen (ADAM & SCHWEVERS 1997).

Bei kleinen PIT-Tags handelt es sich in der Regel um FDX-Transponder. Neuerdings sind auch HDX-Transponder vergleichbarer Dimension erhältlich. Für den Umgang mit diesen Transpondern im Rahmen des Markierungseingriffs spielt es allerdings keine Rolle, um welchen Kommunikationstyp es sich handelt.

Vorgehen bei der subkutanen Injektion eines kleinen PIT-Tags:
Kleine PIT-Tags werden in der Regel steril in Einwegkanülen verpackt ausgeliefert (Abb. 76) und mittels eines Injektors subkutan injiziert. Die Spitze der Kanüle ist doppelkantig scharf geschliffen (Abb. 77), weshalb die Kanüle keinen Stichkanal mit einem damit einhergehenden Gewebe-

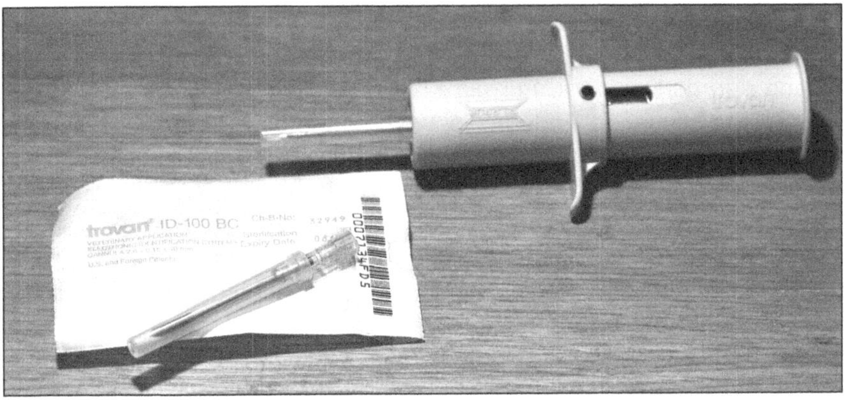

Abbildung 76: Injektor und steril verpackte Kanüle eines kleinen PIT-Tags

verlust erzeugt. Vielmehr wird das Gewebe mit einem glatten Schnitt zertrennt und der Transponder in die so erzeugte Schnitttasche eingebettet. Die Folge des Eingriffs ist ein kleines Hämatom, das sich binnen einer Woche vollständig zurück bildet. Die Infektionsneigung der Wunde ist gering. Die Markierung läuft wie folgt ab:

- Der Fisch wird narkotisiert und in Seitenlage gebracht.
- Die Kanüle wird auf den Injektor aufgesetzt, der in der Regel mit einem Bajonettverschluss ausgestattet ist. Hierbei ist darauf zu achten, dass die Sicherheitsarretierung geöffnet ist, sonst kann der kleine PIT-Tag nicht aus der Kanüle heraus geschoben werden.
- Ein kleiner PIT-Tag wird am Übergang vom Kopf zum Rumpf, oberhalb der Seitenlinie unter die Haut platziert (Abb. 78). Eine Injektion median der Flanke, wie von internationalen Vorschriften zur Kennzeichnung von Zootieren empfohlen wird, ist bei aquatischen Tieren strikt abzulehnen, um Verletzungen des empfindlichen Seitenlinienorgans auszuschließen.
- Bei großschuppigen Fischen kann es notwendig sein, an der Einstichstelle einige Schuppen mit einer Pinzette zu entfernen.

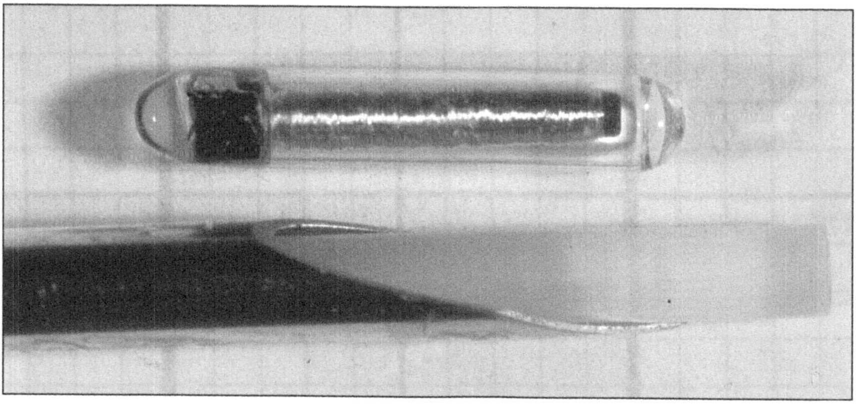

Abbildung 77: Injektionskanüle eines kleinen PIT-Tags mit Doppelschliff

- Die Injektionskanüle wird mindestens 2 Zentimeter weit unter die Haut geschoben. Erst in der Endposition wird der kleine PIT-Tag aus der Nadel geschoben und im Gewebe abgelegt.
- Es empfiehlt sich, besonders schleimige Fische während der Transpondierung mit einem nassen Baumwolltuch festzuhalten.
- Nach der Transpondierung werden die Identifikationsnummer und die biometrischen Daten des Fisches aufgenommen.
- Nach dem Aufwachen wird der Fisch in die Freiheit entlassen.

Die Kanülen, mit denen kleine PIT-Tags injiziert werden, sind außerordentlich scharf geschliffen, weshalb bei der Handhabung besondere Vorsicht geboten ist. Grundsätzlich gilt, dass eine benutzte Kanüle nicht wieder in die Schutzkappe eingeführt werden darf (kein „recapping"!) (Abb. 79), weil dabei für den Operateur eine erhöhte Gefahr von Schnitt- und Stichverletzungen besteht. Kanüle und Schutzkappe sind vielmehr sofort getrennt in einem festwandigen Behälter zu entsorgen. Da die Injektionskanülen durch einen Bajonettverschluss mit dem Injektor verbunden sind, ist ein Schnellabwurf der Kanüle in einen Nadelabwurfbehälter, wie für Injektionsnadeln in der veterinär- und humanmedizinischen Praxis gebräuchlich, nicht möglich.

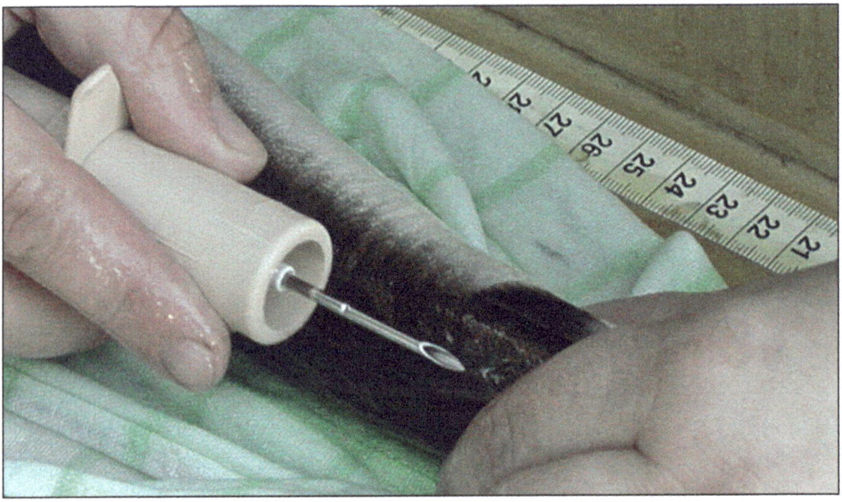

Abbildung 78: Subkutane Markierung eines Aals mit einem kleinen PIT-Tag dorsal der Seitenlinie am Übergang von Kopf zum Rumpf

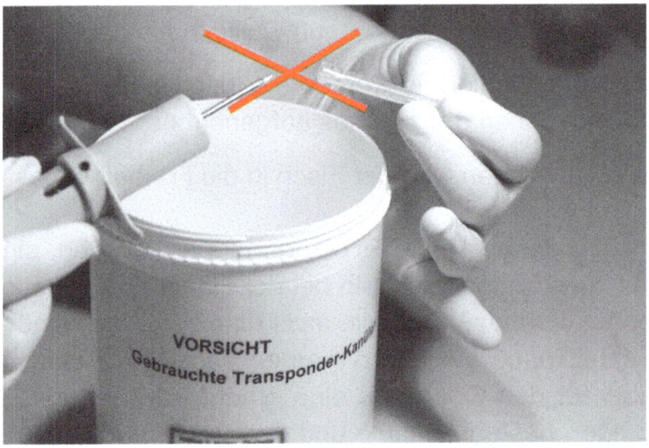

Abbildung 79: Kein recapping!

10.2.3.2 Großer PIT-Tag

Als große PIT-Tags werden nachfolgend HDX-Transponder bezeichnet, die unter den Handelsnamen TIRIS oder TI-RFID vertrieben werden. Sie haben einen Durchmesser von ca. 4 Millimeter und sind in Längen von 23 und 32 Millimetern lieferbar (Abb. 80). Daneben sind neuerdings auch HDX-Transponder geringerer Größe verfügbar, die unter Kap. 10.2.3.1 abgehandelt wurden.

Entsprechend ihrer Dimension tragen große PIT-Tags eine wesentlich größere Spule, als die kleinere Variante. Folglich kann der Transponder mehr Energie aufnehmen und seinen Code über eine größere Distanz aussenden. Im Idealfall werden selbst schnell schwimmende Fische noch über eine Distanz von 1,4 bis 2 Metern sicher registriert. Aufgrund dieser Eigenschaften kommt die HDX-Technologie zunehmend in der fischökologischen Freilandforschung zum Einsatz, z. B. um das Wanderverhalten von Fischen großräumig im Gewässer sowie insbesondere in Fischaufstiegsanlagen zu untersuchen (ADAM et al. 2012). Große PIT-Tags lassen sich allerdings nicht mehr injizieren, sondern müssen operativ in die Bauchhöhle eines Fisches appliziert werden.

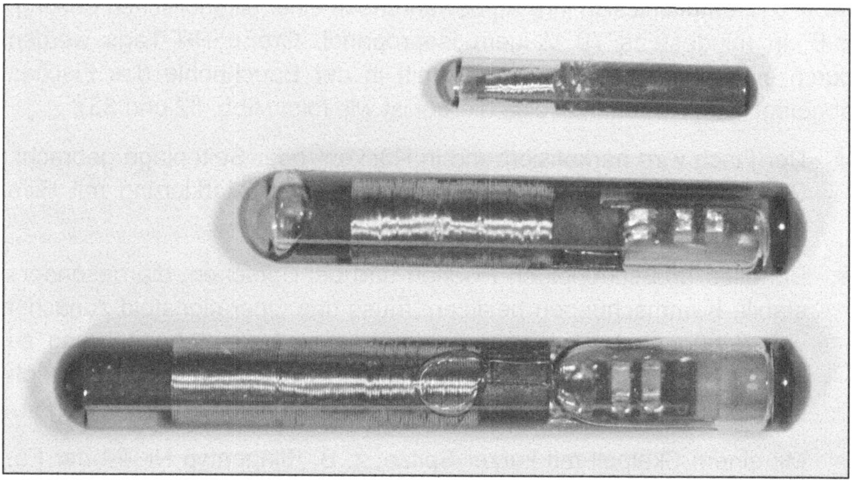

Abbildung 80: HDX-Transponder in unterschiedlichen Größen: (oben) 12,0 x 2,1 Millimeter; (Mitte) 23,0 x 3,9 Millimeter; (unten) 32,0 x 3,9 Millimeter

Abbildung 81: Rolle mit unsteril verpackten großen PIT-Tags

Vorgehen bei der intraabbdominalen Applikation großer PIT-Tags:

Da große PIT-Tags unsteril verpackt in Gurten ausgeliefert werden (Abb. 81), empfiehlt sich ihre Aufbewahrung in einer alkoholischen Lösung, z. B. in mindestens 70 %-igem Isopropanol. Große PIT-Tags werden durch einen minimal invasiven Schnitt in der Bauchhöhle des Fisches abgelegt. Die Vorgehensweise hierbei ist wie folgt (Abb. 82 und 83).

- Der Fisch wird narkotisiert und in Rücken- oder Seitenlage gebracht. Besonders schleimige Fische werden bei der Markierung mit Hilfe eines nassen Baumwolltuchs festgehalten.
- Bei allen großschuppigen Fischen und bei Barschen, die besonders stabile Kammschuppen besitzen, muss das Operationsfeld zunächst von Schuppen befreit werden, um eine saubere Schnittführung zu ermöglichen. Dies erübrigt sich bei kleinschuppigen Arten und solchen ohne Schuppen wie Aal, Quappe, Salmoniden und Neunaugen.
- Mit einem Skalpell mit kurzer Spitze, z. B. Klingentyp Nr. 24 der Fa. BAYHA, wird bei den verschiedenen Arten an geeigneter Position nach Tab. 15 ein etwa 3 Millimeter langer Schnitt gesetzt. Durch diesen Schnitt wird der PIT-Tag manuell bis in die Bauchhöhle des

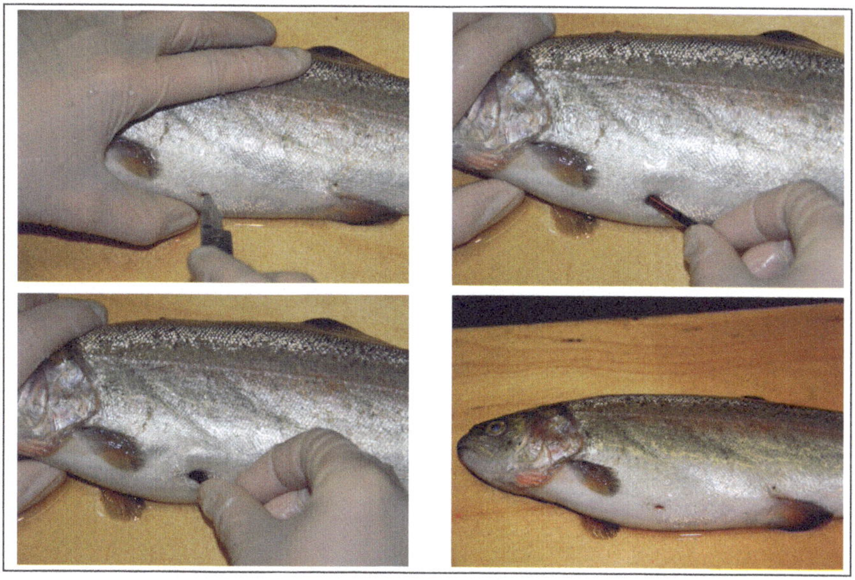

Abbildung 82: Transpondierung eines kleinschuppigen Salmoniden: Setzen des Schnittes ohne vorherige Entschuppung des Operationsfeldes; Einführen des großen PIT-Tags; rechts unten: unblutige Wunde nach der Applikation

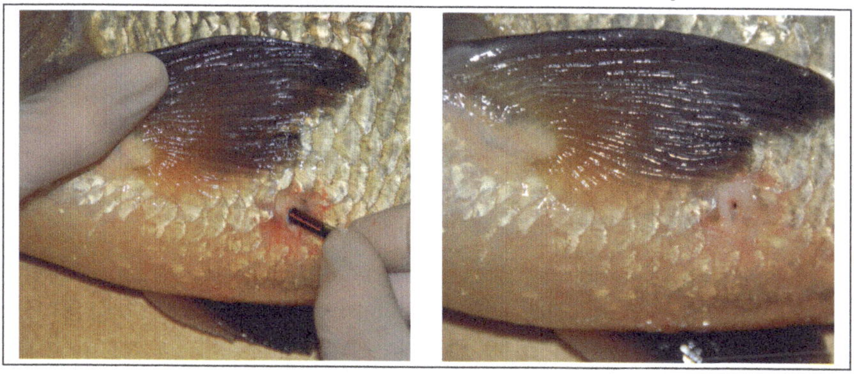

Abbildung 83: Transpondierung eines großschuppigen Cypriniden: Setzen des Schnittes im entschuppten Operationsfeld (links) und Operationswunde nach dem Eingriff (rechts)

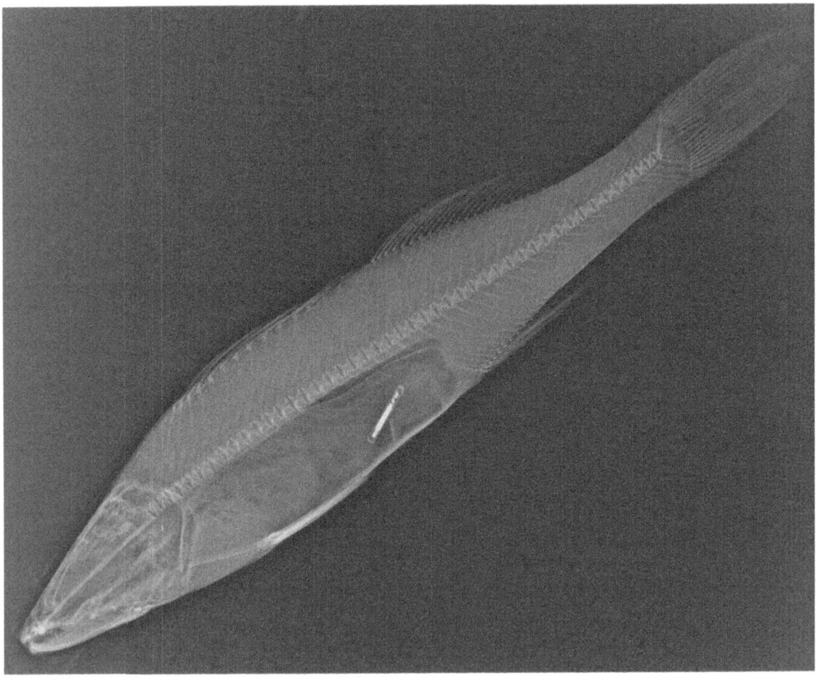

Abbildung 84: Lage eines großen PIT-Tags im Bauchraum eines Zanders

Fisches hinein geschoben. Der Transponder bettet sich im Bauchraum zwischen den Organen ein, wodurch die meisten Fische ein Leben lang gekennzeichnet sind (Abb. 84). Eine Ausnahme bilden vor allem die Salmoniden, deren Eier aus den Ovarien in die Bauchhöhle fallen und von dort aus abgelaicht werden: Auf diese Weise kann der Transponder beim Ablaichen verloren gehen.

- Nach der Transpondierung werden die Identifikationsnummer des Fisches mit einem Handlesegerät und seine biometrischen Daten aufgenommen (Abb. 85).
- Nach dem Aufwachen sollte das Tier etwa einen Tag unter Beobachtung bleiben und seine Wunde kontrolliert werden, bevor es in die Freiheit entlassen wird. Der Schnitt ist nach etwa zwei bis drei Wochen vollständig verheilt; das Risiko einer Infektion der Wunde ist gering.

Abbildung 85: Handlesegeräte verschiedener Hersteller zur Detektion von HDX-Transpondern

10.2.3.3 NEDAP Trial® Transponder

Das NEDAP Trial® System wurde in den Niederlanden entwickelt, um das individuelle Wanderverhalten von Fischen speziell in großen Flüssen wie Rhein und Maas zu untersuchen. Hierzu wurden mit enormem Aufwand Antennenstationen installiert, die jeweils aus drei massiven Kabeln bestehen, die im Abstand von jeweils 10 Metern parallel zueinander von Ufer zu Ufer auf dem Gewässergrund verlegt sind. Auf diese Weise gelingt es Gewässerquerschnitte von bis zu 2 Kilometern Breite und 15 Meter Wassertiefe permanent und weitgehend lückenlos auf vorbei schwimmende Fische zu überwachen, die natürlich zuvor mit den entsprechenden Transpondern markiert und besetzt werden müssen. Um die notwendige Sendeleistung zu erreichen, ist die Spule eines NEDAP Trial® Transponders wesentlich größer als bei anderen Systemen und das Signal wird zudem durch eine Knopfbatterie elektrisch verstärkt (Tab. 17, Abb. 86).

Tabelle 17: Maße von NEDAP Trial® Transpondern

Art / Entwicklungsstadium	Länge	Dicke	Gewicht an Luft
Aal / Blankaal	63 mm	14 mm	26,5 g
Lachs / Smolt	38 mm	13 mm	11,5 g

Eingesetzt wurde das NEDAP Trial® System bislang beispielsweise, um die Wanderungen adulter Meerforellen und Lachse sowie von Blankaalen in Rhein und Maas zu dokumentieren (BREUKELAAR et al. 1998, BRUIJS et al. 2003). Auch die Abwanderung von Lachssmolts wurde mit diesem System untersucht (BAUER 2009).

Allerdings lassen sich nur bei besonders großen Fischen die einschlägigen Regeln für die zulässige Größe des Senders in Relation zum Gewicht und zur Größe seines Trägers einhalten:

- Der Transponder sollte nach JEPSEN et al. (2002) maximal 2 % des Körpergewichtes des Fisches erreichen. LACROIX et al. (2004) sehen demgegenüber allerdings einen Gewichtsanteil von bis zu 8 % noch als vertretbar an.
- Die Länge des Senders sollte 16 % der Totallänge des Fisches nicht überschreiten (LACROIX et al. 2004).

Werden diese Regeln missachtet, ist zu befürchten, dass Fische durch den großen Fremdkörper in ihrer Bauchhöhle gesundheitliche Schäden davon tragen. Abgesehen von der Frage nach der tierschutzrechtlichen Vertretbarkeit einer solchen Markierung wächst damit auch die Unsicherheit, ob sich die markierten Tiere tatsächlich noch normal verhalten. Dies stellt ggf. die Verwertbarkeit der Befunde und damit die Sinnhaftigkeit der gesamten Untersuchung in Frage.

Vorgehen bei der intraabbdominalen Implantation von NEDAP Trail® Transpondern:

Die Implantation der vergleichsweise großen Transponder unter Narkose erfolgt in gleicher Weise, wie die intraabdominale Implantation telemetrischer Sender ohne Antenne. Insofern sei an dieser Stelle auf Kap. 10.2.4 verwiesen.

Abbildung 86: NEDAP Trail® Transponder für die Markierung von Blankaalen

10.2.4 Telemetrie

In der Feldforschung werden bereits seit langem vor allem terrestrisch lebende Tiere mit telemetrischen Sendern versehen, um sie über große Distanzen sowie lange Zeit verfolgen zu können. Auch für den Einsatz bei Fischen und Neunaugen ist diese Methode geeignet (SPEDICATO et al. 2005), wenngleich sie in Deutschland bislang vergleichsweise selten eingesetzt wurde (Abb. 87).

Die Telemetrie ist die einzige Möglichkeit, Fische in ihrem natürlichen Lebensraum und in großskaligem Maßstab quasi indirekt zu beobachten, um beispielsweise Erkenntnisse über ihre räumlich und zeitlich differenzierten Nutzungsansprüche an aquatische Habitate und Einblicke in das klein- und großräumige Wanderverhalten zu gewinnen. Vor diesem Hinter-

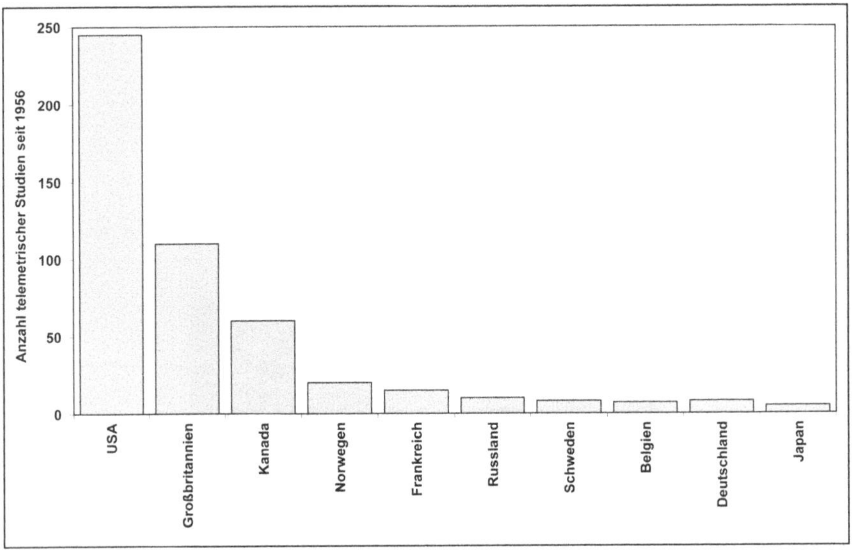

Abbildung 87: Anzahl telemetrischer Studien mit Fischen seit dem Jahr 1956 in verschiedenen Ländern (ergänzt nach LUCAS & BARAS 2001)

grund ist die Telemetrie grundsätzlich eine unverzichtbare Methode der fischereibiologischen und fischökologischen Forschung. Hierfür stehen zwei unterschiedliche physikalische Prinzipien zur Verfügung: Die akustische Telemetrie sowie die Radiotelemetrie.

Bei der akustischen Telemetrie emittiert ein Sender Töne im Ultraschallbereich auf Frequenzen zwischen etwa 65 bis 77 Kiloherz. Diese Signale werden unter Wasser von einem so genannten Hydrophon empfangen,

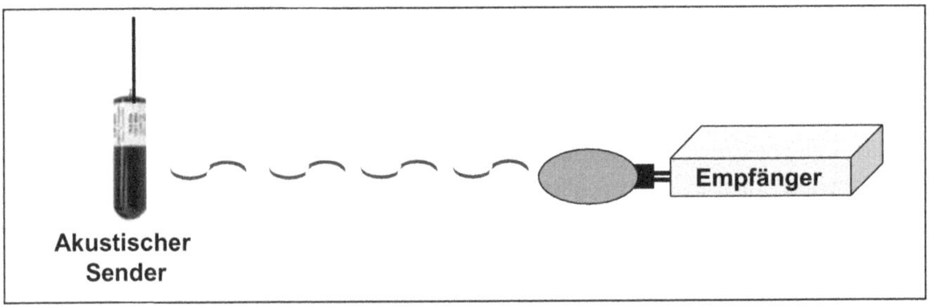

Abbildung 88: Funktionsprinzip der akustischen Telemetrie

Abbildung 89: Schifffahrtsboje, an der ein Hydrophon befestigt ist

aufgezeichnet und decodiert (Abb. 88 und 89). Da ein akustischer Sender nicht einfach einen Dauerton sendet, sondern die Länge und Abfolge des Signals moduliert, können Tiere mit dieser Methode individuell gekennzeichnet werden. Für die Codierung der Sender werden Frequenzen auf einer nur sehr schmalen Bandbreite genutzt, weshalb ein Hydrophon die codierten Signale verschiedener Sender in nahezu unbegrenzter Anzahl zeitgleich detektieren kann. Durch Verteilung mehrerer Hydrophone im Untersuchungsbereich (Abb. 90) und Installation in unterschiedlichen Tiefen ist die akustische Telemetrie darüber hinaus auch geeignet, eine zwei-, oder sogar dreidimensionale Verortung besenderter Fische vorzunehmen. Dies erlaubt eine räumlich/zeitlich exakte Rekonstruktion der Schwimmwege (Abb. 91), was tiefe Einblicke in das Verhalten und die Orientierung der markierten Tiere erlaubt. Die akustische Telemetrie funktioniert gleichermaßen in Binnengewässern wie auch im Meer, zumal eine Positionierung von Hydrophonen bis in sehr großen Wassertiefen möglich ist.

Allerdings ist die akustische Telemetrie sehr anfällig gegenüber Störgeräusche, z. B. infolge von Schiffsverkehr. Auch Gasblasen können den Empfang empfindlich stören, weil sie die Signale reflektieren und somit

Abbildung 90: Mehrere an Bojen montierte Hydrophone überwachen eine Seitenbucht der Elbe

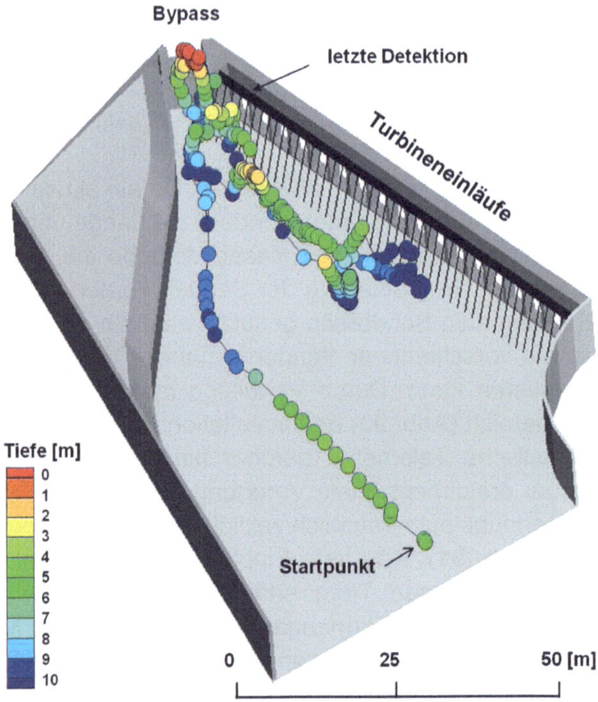

Abbildung 91: Dreidimensionale Rekonstruktion des Schwimmweges eines Amerikanischen Aals mit Hilfe akustischer Telemetrie im Oberwasser des Wasserkraftwerks Cabot Station am Connecticut River

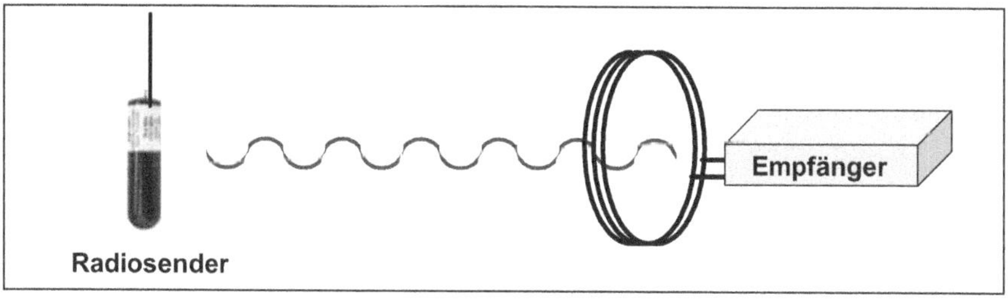

Abbildung 92: Funktionsprinzip der Radiotelemetrie

„verrauschen“, was die Ortung des Senders beeinträchtigt oder gar verhindert. Luftblasen gelangen vor allem durch Turbulenzen ins Wasser, die durch hohe Fließgeschwindigkeiten entstehen und in anthropogen überformten Gewässern durch Wehre und Wasserkraftwerke eingetragen werden. Auch Sauerstoffblasen, die vor allem in stark eutrophen Gewässern durch die Photosynthesetätigkeit von Phytoplankton, Algen und Wasserpflanzen entstehen, können den Empfang beeinträchtigen. Dies gilt gleichermaßen für Methangasblasen, die infolge mikrobieller Abbautätigkeiten vom Gewässergrund aufsteigen. Eine starke Trübung z. B. infolge Schiffsverkehr oder Hochwasser behindert den Einsatz der akustischen Telemetrie ebenfalls, weil die Signale von den Schwebstoffen reflektiert werden.

Radiotelemetrische Emitter senden ihr Signal mehr oder weniger kontinuierlich auf einer festgelegten Wellenlänge in einem Frequenzbereich zwischen 147 und 168 Megaherz aus (Abb. 92). Für den Empfang der Signale können mobile Handantennen zum Einsatz kommen, um besenderte Individuen z. B. per Boot oder mit PkW entlang des Ufers zu verfolgen (Abb. 93). Daneben werden Empfänger oft stationär montiert, um im Fokus der Untersuchung stehende Gewässerabschnitte bzw. -bereiche über längere Zeit kontinuierlich zu überwachen. In jedem Falle muss hierbei die Frequenz des Empfängers auf diejenige des Senders abgestimmt sein. Dieses physikalische Prinzip hat grundsätzlich zur Folge, dass pro Sender ein separater Empfänger benötigt wird oder für den Empfang der Signale mehrerer Sender jeweils unterschiedliche Empfangsfrequenzen eingestellt werden müssen. Moderne Antennensysteme sind allerdings in der Lage, eine erhebliche Anzahl verschiedener Signale unterschiedlicher Frequenz gleichzeitig zu empfangen. Die wesentlichen Vorteile der

Abbildung 93: Radiotelemetrische Verfolgung besenderter Fische mittels Boot

Radiotelemetrie gegenüber der akustischen Telemetrie bestehen in einer deutlich größeren Reichweite sowie einer vergleichsweise geringen Empfindlichkeit gegenüber Trübung und Gasblasen im Wasserkörper.

Da die Antennen über der Wasseroberfläche installiert werden, ist diese Technik für den Einsatz in geringen Wassertiefen prädestiniert. Die Möglichkeiten einer zweidimensionalen Ortung hingegen sind begrenzt und eine räumlich/zeitliche Rekonstruktion von Schwimmpfaden ist gar nicht möglich. Hohe Leitfähigkeiten reduzieren die Reichweite, so dass der Einsatz der Radiotelemetrie auf das Süßwasser beschränkt ist und auch in salzbelasteten Gewässern schnell an ihre Grenzen stößt.

Insofern haben die beiden verfügbaren Telemetrietechniken unterschiedliche Einsatzbereiche und die Wahl des geeigneten Funktionsprinzips richtet sich jeweils nach der Fragestellung sowie der Morphologie und den physikalisch-chemischen Charakteristika des zu untersuchenden Gewässers.

Sowohl bei der Radio-, als auch der akustischen Telemetrie sind die Sender mit einer Batterie ausgestattet, um das jeweilige Signal zu erzeugen und zu verstärken. Bezüglich der Energieversorgung gilt:

je länger der Emitter senden und je größer seine Reichweite sein soll … → … umso größer ist sein Energiebedarf, d. h. umso schwerer und größer wird die Batterie und damit der Sender → … und desto größer müssen die Fische sein, damit sie besendert werden können.

Weltweit produziert etwa ein halbes Dutzend Hersteller telemetrische Systeme auch für den aquatischen Einsatz mit einer Vielzahl je nach Anwendung und Tierart, Lebensdauer und Fragestellung unterschiedlicher Sender. Die kleinsten Sender sind bei einem Gewicht von weniger als 1 Gramm etwa ein Zentimeter lang und drei bis fünf Millimeter breit bzw. flach (Abb. 94). Die größten Sender hingegen sind über 20 Gramm schwer und weisen eine Länge von gut 7 Zentimeter bei einem Durchmesser von bis zu 2 Zentimetern auf.

Größe und Gewicht telemetrischer Sender entscheiden darüber, welche Arten und Entwicklungsstadien mit dem jeweiligen Modell gekennzeichnet werden können. Um auszuschließen, dass das Verhalten sowie die körperliche Konstitution und Gesundheit eines Fisches beeinträchtigt

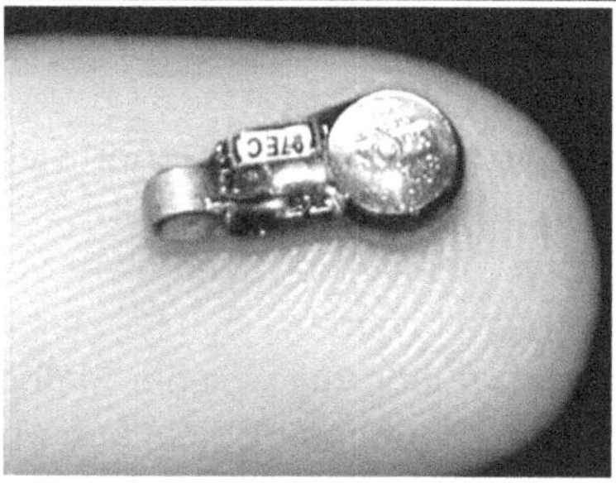

sehr kleiner akustischer Sender

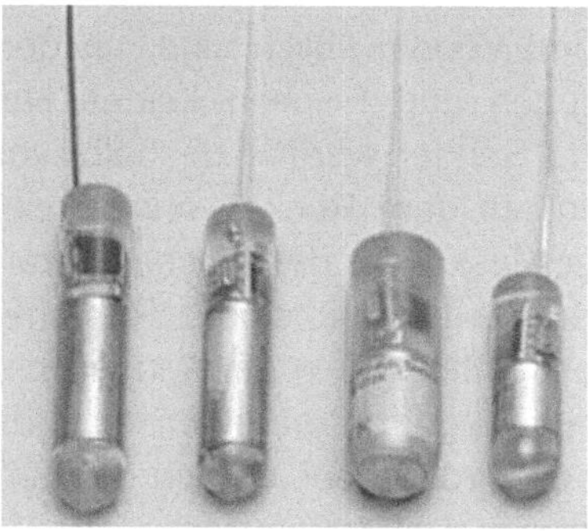

radiotelemetrische Sender unterschiedlicher Größe mit Schleppantenne

großer akustischer Sender

Abbildung 94: Verschiedene Modelle radiotelemetrischer und akustischer Sender

und damit die Aussagekraft der Untersuchung in Frage gestellt wird, sind folgende Regeln für Gewicht und Größe eines Senders in Relation zum Tier zu beachten:

- Das Gewicht des Senders sollte nach JEPSEN et al. (2002) nicht mehr als 2 % und nach LACROIX et al. (2004) nicht mehr als 8 % des Körpergewichts des Fisches betragen.
- Die Länge eines Senders sollte 16 % der Totallänge des Fisches nicht überschreiten (LACROIX et al. 2004).
- Um eine Beeinflussung des Verhaltens auszuschließen, sollten selbst bei Verwendung kleinster Sender nur solche Exemplare für die Telemetrie herangezogen werden, deren Körperumfang an der dicksten Körperstelle mindestens 6 Zentimeter beträgt (Fa. Blue Leaf Environmental Inc., mündl. Mitt. 2012).

Dies bedeutet, dass Kleinfische und die Jungfische der meisten Arten nicht mit Telemetriesendern bestückt werden können. Bei langgestreckten Arten wie Neunaugen und Aalen sollte deren Einsatz auf Exemplare von mehr als ca. 40 Zentimeter Totallänge beschränkt werden.

Die Größe des Senders entscheidet auch darüber, mit welcher Methode er am Tier fixiert wird. Eine dauerhafte und schonende Befestigung ist dabei nicht einfach zu bewerkstelligen, da beispielsweise Klebstoffe auf der schleimigen Haut und in wässrigem Milieu nicht haften und Fixierungsbänder, wie sie bei Säugetieren und Vögeln üblich sind, an dem stromlinienförmigen Körper von Neunaugen und Fischen keinen Halt finden. Große und schwere telemetrische Sender werden deshalb, vergleichbar externer Marken, rucksackartig auf dem Rücken angebracht, wobei der Sender mit Silberdrähten in der Muskulatur des Fisches verankert wird (Kap 10.1.4). Kleinere Sender werden mit einem Röhrchen durch die Speiseröhre (Oesophagus) gastrointestinal in den Magen hinein geschoben oder mit einem operativen Eingriff intraabdominal in die Leibeshöhle appliziert (Abb. 95). Der Fisch wird hierbei je nach der Größe des Senders und der Art der Anbringung mehr oder weniger stark und lang anhaltend beeinträchtigt.

Der schwerwiegendste Eingriff ist zweifellos die externe Fixierung des Senders. Sämtliche Probleme externer Marken werden hierbei durch die

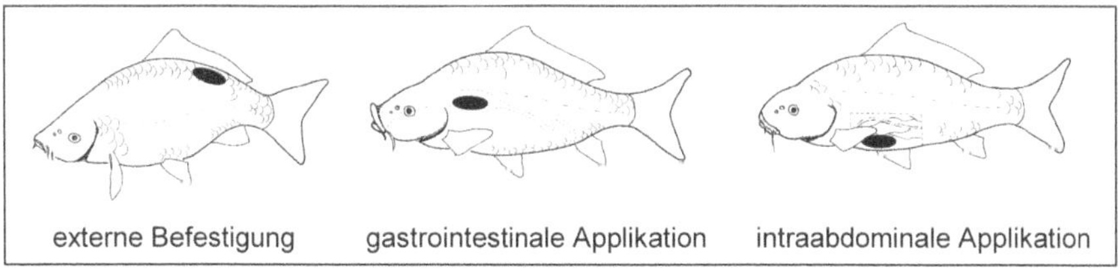

Abbildung 95: Mögliche Platzierung telemetrischer Sender

Größe und das Gewicht des Senders noch verstärkt (Kap. 10.1.4). Langfristig hat der Fisch deshalb infolge eines hohen Infektionsrisikos nur geringe Überlebenschancen. Zudem sind Beeinflussungen des Verhaltens zu erwarten, die einerseits die Verwertbarkeit der Befunde in Frage stellen und andererseits zu einer weiteren Erhöhung des Mortalitätsrisikos führen können, indem die Aufmerksamkeit potenzieller Prädatoren geweckt wird. Insgesamt sollte deshalb eine externe Fixierung von Telemetriesendern nach Möglichkeit vermieden werden.

Bei der gastrointestinalen Applikation telemetrischer Sender ist der Eingriff selbst vergleichsweise harmlos, denn der Fisch wird hierbei nicht verletzt; ggf. ist nicht einmal eine Sedierung erforderlich. Allerdings behindert der Sender die Nahrungsaufnahme. Im ungünstigsten Fall nimmt der Fisch gar keine Nahrung mehr zu sich und stirbt schließlich an Entkräftung. Andererseits besteht die Möglichkeit, dass er den Sender früher oder später auswürgt und sich damit des Störkörpers entledigt.

Für die intraabdominale Applikation telemetrischer Sender ist ein operativer Eingriff notwendig, verbunden mit den in Kap. 10.2 beschriebenen Risiken. Hierbei kann die Beeinträchtigung durch die Wahl möglichst kleiner Sender minimiert werden. Nach dem Verheilen der Operationswunde schränkt die Markierung den Fisch allenfalls geringfügig ein.

Verschiedene Typen telemetrischer Sender sind mit einer so genannten Schleppantenne ausgestattet. Dies ist ein Metalldraht von ca. 10 bis 30 Zentimetern Länge, der zur Gewährleistung einer guten Signalübertragung aus dem Fischkörper heraus ragen muss. Dies kann je nach Fixierungsmethode mit zusätzlichen Problemen verbunden sein:

- Bei einem extern am Körper befestigten Sender schleppt der Fisch die Antenne einfach nach.

- Bei einem durch den Oesophagus gastrointestinal applizierten Sender wird die Antenne durch die Kiemenspalten nach außen geführt.
- Bei einem intraabdominal applizierten Sender muss die Antenne aus dem Bauchraum nach außen geführt werden. Dies kann über den Bauchöffnungsschnitt erfolgen, der bei der Implantierung gesetzt wird. Um die Gefahr von Sekundärinfektionen zu minimieren hat es sich jedoch als sinnvoller erwiesen, die Antenne über einen separaten Durchstich nach außen zu führen. Dieser sollte nach Möglichkeit in einer lateralen Position vor dem After gesetzt werden, um einen Kontakt der Wunde mit dem Gewässergrund zu verhindern und das Infektionsrisiko zu minimieren. Die Implantationswunde kann auf diese Weise ungestört abheilen.

Insgesamt bietet die Telemetrie vielfältige Möglichkeiten, Informationen über das Verhalten und die Aktionsradien von Fischen im Freiland zu gewinnen. Hierbei ist die Auswahl der am besten für die jeweilige Fragestellung geeigneten methodischen Variante eine keinesfalls triviale Aufgabe, bei der neben technischen Parametern auch die Verträglichkeit der Markierung für den Fisch eine entscheidende Rolle spielt. In Tab. 18 sind wesentliche Kernfragen für diese Auswahl aufgeführt.

Tabelle 18: Entscheidungsmatrix für Wahl des am besten geeigneten telemetrischen Systems

<table>
<tr><th>Aspekt</th><th>Konsequenzen</th></tr>
<tr><td>Welche Tierarten sollen in welcher Körpergröße markiert werden?</td><td>Maximal zulässige Größe und Gewicht eines telemetrischen Senders ermitteln.</td></tr>
<tr><td>Über welchen Zeitraum müssen die Sender arbeiten</td><td>Benötigten Sendertyp, Größe und Gewicht ermitteln.</td></tr>
<tr><td>Welchem Zweck dient der Einsatz der Telemetrie?</td><td rowspan="3">Entscheiden, ob Radio- oder akustische Telemetrie eingesetzt wird.</td></tr>
<tr><td>Welche physikalischen Gegebenheiten herrschen im Untersuchungsgewässer?</td></tr>
<tr><td>Wie soll die Ortung erfolgen? Sollen die besenderten Individuen direkt verfolgt werden, oder sind stationäre Antennen vorgesehen, sollen 2- oder gar 3-dimensionale Bewegungsmuster erstellt werden?</td></tr>
<tr><td>Wie kann der Sender am Fisch befestigt werden?</td><td>Verträglichste Durchführung des Eingriffs planen.</td></tr>
</table>

Vorgehen bei der externen Befestigung eines Senders:

Unkritisch und in der Praxis bewährt hat sich eine externe Fixierung telemetrischer Sender bei allen Arten, die über verkalkte, knöcherne oder hornbewehrte Panzer verfügen, beispielsweise Krebse wie auch Schildkröten (Abb. 96). Bei Fischen hingegen stellt diese Art der Befestigung einen schwerwiegenden Eingriff dar, der das Tier dauerhaft behindert und seine Gesundheit und Leben gefährden kann. Diese Methode sollte folglich nur dann gewählt werden, wenn z. B. bei Langzeituntersuchungen zum Wanderverhalten langlebiger Arten besonders große und schwere Sender erforderlich sind, die weder gastrointestinal, noch intraabdominal appliziert werden können. Die Vorgehensweise ist hierbei wie folgt:

- Das Tier wird narkotisiert und in Bauch- oder Seitenlage gebracht.
- Die Befestigung des zuvor aktivierten Senders erfolgt vorzugsweise mit zwei Silberdrähten unter der Rückenflosse oder aber im Bereich des Schwanzstieles. Dazu werden zwei Kanülen im Abstand von der Breite des Senders von der einen zur anderen Körperseite durch Haut und Muskulatur gestochen und die beiden Silberdrähte durch die Kanülen gefädelt.
- Danach werden die Kanülen über das offene Ende der Silberdrähte aus dem Körper des Fisches heraus gezogen. Die Drähte werden dann mit Hilfe einer Zange miteinander verdrillt und die überstehenden Enden abgeschnitten.
- Nach dem Erwachen des Fisches wird dieser vorzugsweise für eine bis zu 48-stündige Beobachtung in ein Hälterbecken überführt und erst danach ins Gewässer entlassen.

Vorgehen bei der gastrointestinalen Besenderung:

- Der Fisch wird nicht narkotisiert, sondern allenfalls leicht sediert.
- Er wird in Rücken- oder Seitenlage gebracht und von einem Helfer mit Hilfe eines nassen Baumwolltuchs festgehalten.
- Der aktivierte Sender samt Antenne wird in ein am Ende abgerundetes Plastikröhrchen geschoben und durch den Oesophagus des Fisches bis in den Magen eingeführt (Abb. 98).
- Mit einem Holzstab wird der Sender dann aus dem Einführröhrchen heraus geschoben und im Magen abgelegt (Abb. 99).

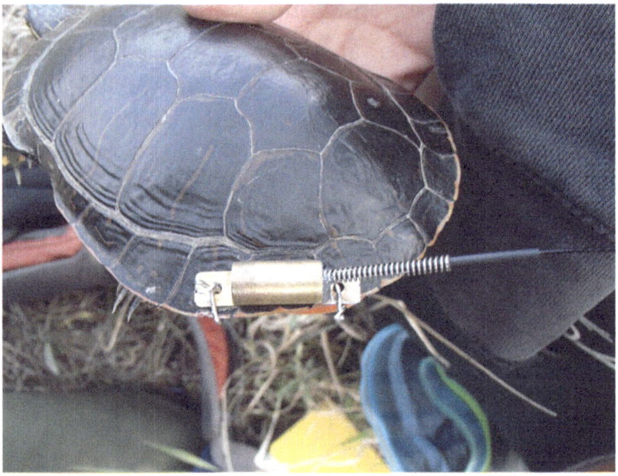

Abbildung 96: Dauerhafte Befestigung eines telemetrischen Senders mit Antenne am Panzer einer Schildkröte

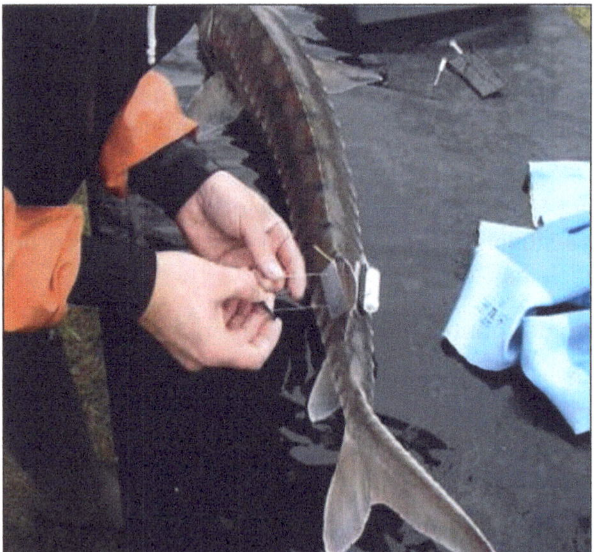

Abbildung 97: Externe Befestigung eines telemetrischen Senders an einem Stör

Abbildung 98: Einem Lachs wird ein radiotelemetrischer Sender durch den Oesophagus eingeführt

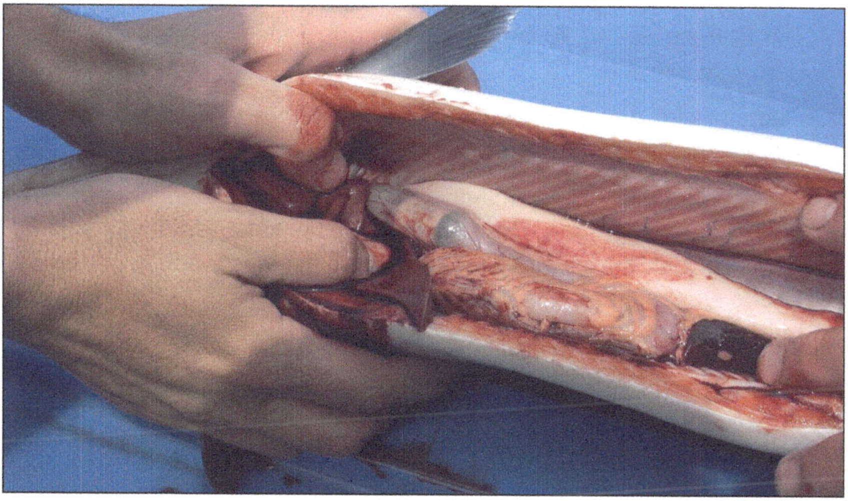

Abbildung 99: Gastrointestinale Lage eines telemetrischen Senders

- Die Antenne des Senders ragt bei dieser Markierung entweder aus dem Maul heraus oder sie wird durch eine Kiemenspalte nach außen gefädelt.
- Der Fisch kann unmittelbar nach dem Eingriff wieder in die Freiheit entlassen werden.

Vorgehen bei der intraabdominalen Besenderung:

- Der Fisch wird narkotisiert.
- Sobald sich seine Kiemendeckel nicht mehr bewegen, wird das Tier rücklings in einen Operationstisch gelegt (Abb. 100, Kap. 8). Ein nasses Baumwolltuch mit dem das Tier bis auf das Operationsfeld bedeckt wird, dient dazu, die empfindliche Schleimhaut zu schützen und feucht zu halten. Um eine ausreichende Sauerstoffversorgung während des Eingriffs zu gewährleisten, wird ihm mit Narkotikum versetztes Beatmungswasser zugeführt.
- Für das Einsetzen des Senders in den Bauchraum wird mit dem Skalpell ein Schnitt gesetzt, der geringfügig größer als der Durchmesser des Senders ist. Die optimale Schnittposition für verschiedene Arten ist Tab. 15 (Kap. 10.2) zu entnehmen.
- Die Batterie des in 70 %-igem Isopropanol steril aufbewahrten Senders wird aktiviert.
- Sodann wird der Sender durch den Schnitt in die Leibeshöhle des Fisches hinein geschoben.
- Trägt der Sender eine Antenne, muss diese aus dem Körper nach außen geführt werden. Die erfolgt entweder durch die Implantationsöffnung oder durch einen separaten, mit einer Kanüle passender Größe ventrolateral vor dem After gesetzten Durchstich (Abb. 100 und 101).
- Der Eröffnungsschnitt wird unverzüglich verschlossen. Dies erfolgt je nach Länge der Wunde entweder mit einer Einzel- oder einer Sultanschen Diagonalheftung (Kap. 11.2).

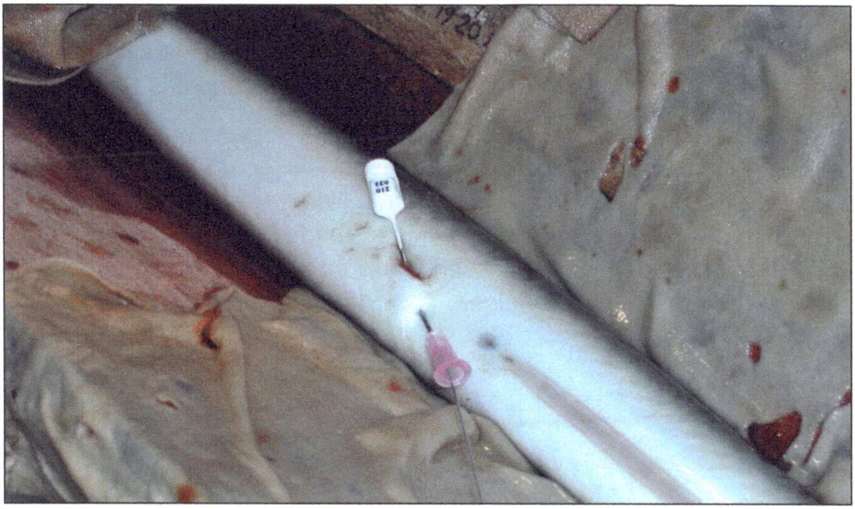

Abbildung 100: Einsetzen eines Senders in die Bauchhöhle eines Aals; die Schleppantenne wird seitlich der Bauchlinie durch eine Kanüle nach außen geführt

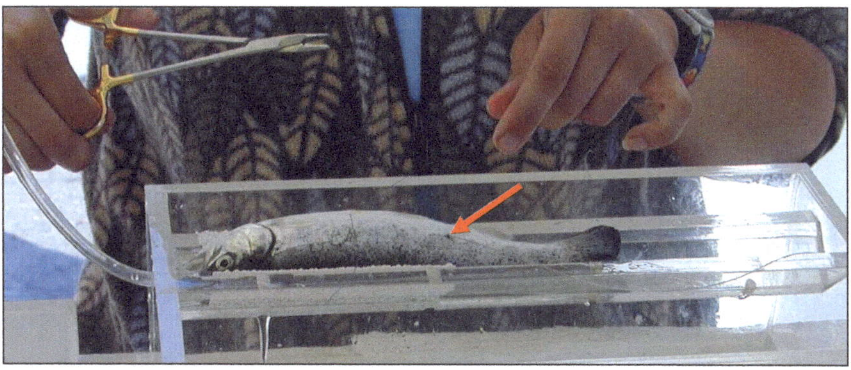

Abbildung 101: Vernähen der Eröffnungswunde bei einem Salmoniden; zu erkennen ist der ventrolaterale Austritt der Schleppantenne (roter Pfeil)

- Bei einem routinierten Team dauert der gesamte Eingriff der Besenderung weniger als 5 Minuten. Während des Eingriffes sind die biometrischen und individuellen Daten des Fisches und des Senders zu protokollieren.
- Der Fisch wird in frisches belüftetes Wasser überführt. Sein Erwachen aus der Narkose wird kontrolliert. Anschließend wird der Fisch nach Möglichkeit noch etwa 48 Stunden gehältert, bevor der in das offene Gewässer entlassen wird, um seine Ortbewegungen mit einem Empfänger zu verfolgen.

11 Verschluss von Schnitten und Wunden

Sofern die chemische, physikalische und mikrobiologische Belastungssituation des Lebensraumes dem nicht entgegensteht, verfügen Fische über ein enormes Wundheilungs- und Regenerationsvermögen. Dies darf allerdings nicht dazu verleiten, im Rahmen von Eingriffen zugefügte Schnitte oder Wunden nicht bestmöglich fachkundig zu verschließen und zu versorgen. Gewebekleber, mit denen kleine Operationswunden bei landlebenden Versuchstieren rasch und sicher verschlossen werden können, sind für den Einsatz bei aquatischen Organismen leider ungeeignet, da die Klebeeigenschaften im wässrigen Milieu unzureichend sind und kein zuverlässiger Wundverschluss erfolgt. Deshalb sind offene Schnitte oder Wunden mit Nadel und Faden zu vernähen.

11.1 Nadel und Faden

Das Vernähen von Wundrändern bei Neunaugen und Fischen erfordert einige Übung, denn deren Haut ist sehr weich und elastisch. Bei Fischen ist sie zudem von mehr oder weniger großen und harten Schuppen besetzt. Mit nassen und schleimigen Händen ist es mühselig, den Faden in die Öse einer Nadel einzufädeln. Deshalb ist in der Regel die Verwendung von Nadel-Faden-Kombinationen zu empfehlen, bei denen der Faden mittels einer Armierung direkt mit der Nadel verbunden ist.

Für die Führung der Nadel wird zweckdienlicher Weise ein Nadelhalter benutzt. Dies ist ein zangenartiges Gerät, bei dem die Nadel verrutschungsfrei zwischen den Backen eingespannt wird. Eine Arretierung, das so genannte Schloss, verhindert ein ungewolltes Öffnen. Für das Vernähen von Operationswunden bei Neunaugen und Fischen ist der Nadelhalter nach MATHIEU (Abb. 102) mit etwa 17 Zentimetern Länge besonders geeignet, denn er ist durch eine Feder gespannt, kann zur Reinigung leicht auseinander gebaut und sehr einfach wieder zusammen gesetzt werden. Zusätzlich kann er mit einer Abschneidevorrichtung ausgestattet sein. Beim Nähen darf der Nadelhalter niemals an der Ar-

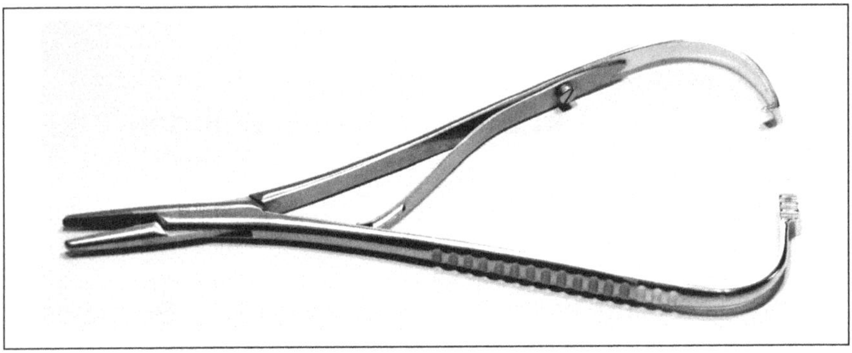

Abbildung 102: Nadelhalter nach MATHIEU

mierung der Nadel-Faden-Kombination angesetzt werden, damit sich der Faden nicht aus seiner Halterung löst. Vielmehr sollte die Nadel stets am Anfang des hinteren Drittels gefasst werden (Abb. 103).

Bei den Nadeln unterscheidet man zwischen runden (atraumatischen) und dreieckigen (traumatischen) Querschnitten. Außerdem gibt es Nadeln in verschiedenen Formen, Krümmungen und Längen. Für den Verschluss von Operationswunden bei der Implantation telemetrischer Sender haben sich halbkreisförmige atraumatische Rundkörpernadeln von 20 bis 30 Millimetern Länge bewährt.

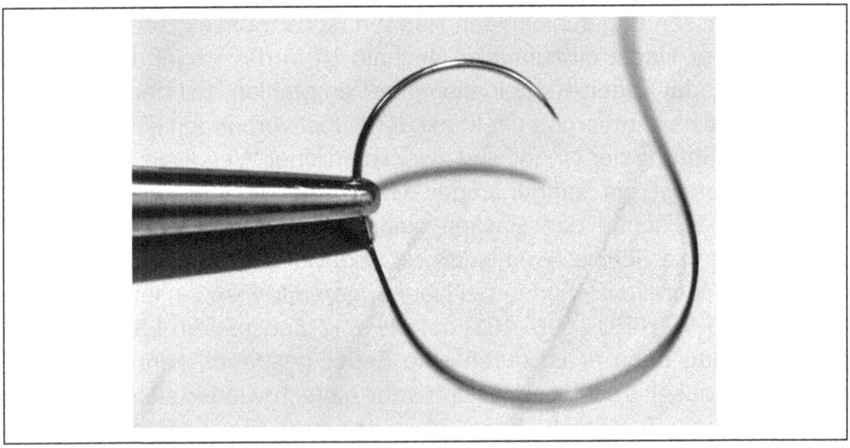

Abbildung 103: Die Nadel wird am Anfang des hinteren Drittels in den Backen des Nadelhalters eingespannt

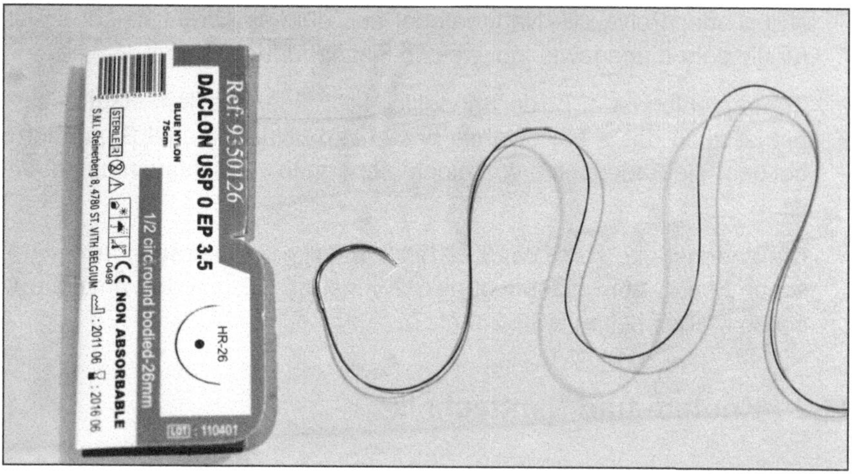

Abbildung 104: Geeignete Nadel-Faden-Kombination für das Verschließen von Operationswunden bei Fischen: atraumatische, halbkreisförmige Rundkörpernadel von 26 Millimeter Länge, mit Nylonfaden der Fadenstärke EP 3,5

Auch Nahtmaterial wird in einer fast unüberschaubaren Vielfalt angeboten. Für den Wundverschluss bei Neunaugen und Fischen sind folgende Anforderungen an das Fadenmaterial zu stellen (Abb. 104):

- Auf jeden Fall sollte nichtresorbierbares Fadenmaterial verwandt werden, da es sich im Wasser nicht zu früh auflöst und sich somit die Wunde vor der Abheilung nicht wieder öffnet.
- Es sollte monofiles, also aus einem einzigen Faden bestehendes Nahtmaterial genutzt werden. Hierdurch werden Dochteffekte vermieden und eine Quellung im Wasser, wie sie bei geflochtenen Fäden auftreten kann, ist ausgeschlossen. Monofile Fäden lassen sich sehr gut durch das Gewebe ziehen. Allerdings besitzen sie eine schlechte Knotenfähigkeit. Letzteres kann durch Verwendung eines etwas dünneren Fadendurchmessers und/oder das Setzen eines Gegenknotens kompensiert werden.
- Wichtig ist eine geringe Elastizität des Fadenmaterials, um den Kontakt der Wundränder und damit die Wundheilung dauerhaft sicher zu stellen. Diese Anforderungen erfüllt synthetisches Fadenmaterial aus

Nylon oder Polyacryl. Nahtmaterial aus dünnem Draht hingegen ist für die sehr bindegewebige, weiche Fischhaut ungeeignet.

- Zu empfehlen ist z. B. der monofile Nylonfaden Daclon®. Gut geeignet ist auch das aus Polyamid bestehende Nahtmaterial Supramid®, bei dem die Fadenseele von einem separaten Hüllschlauch umgeben ist.
- Die Fadenstärke sollte ca. 0,25 bis 0,4 Millimeter betragen. Im metrischen Maßsystem entspricht dies 2,5 bis 3,5 EP, bei den amerikanischen Maßeinheiten USP 2-0 bis 0.

11.2 Knoten- und Nahttechnik

Den Abschluss einer Heftung oder einer längeren zusammenhängenden Naht bildet der Knoten (Abb. 105). Unter den nassen Bedingungen, die sich beim Umgang mit Fischen zwangsläufig einstellen und aufgrund der vergleichsweise filigranen Nähte, die für den Wundverschluss zu setzen sind, empfiehlt es sich, zum Knüpfen eines Knotens stets einen Nadelhalter zu verwenden. Wichtig ist es, beim Festziehen der Fäden darauf zu achten, dass der Faden nicht zu locker, aber auch nicht zu straff festgezogen wird. Bei einer längeren zusammenhängenden Naht kann ein zu fest gezogener Faden zu einer Wulstbildung führen, die unter Umständen eine Nekrose des betroffenen Gewebes nach sich zieht.

In der Medizin wurden viele Nahttechniken entwickelt, um Gewebe unterschiedlichster Konsistenz und Elastizität sicher und schonend miteinander zu verbinden, so dass die Heilung gefördert und die Narbenbildung minimiert wird. Um Schnitte und Wunden bei Fischen zu vernähen sind vor allem zwei Nahttechniken sinnvoll: Bei kurzen Schnitten Einzelheftungen (Abb. 106) sowie bei längeren Wunden die Sultansche Diagonalheftung (Abb. 107).

Vorgehen bei der Knüpfung eines chirurgischen Knotens:

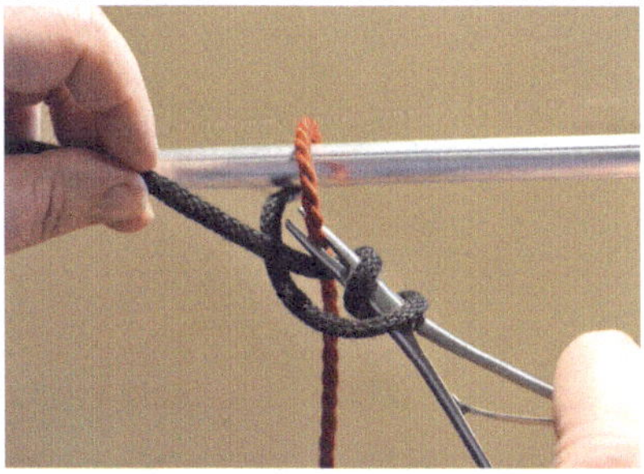

Das lange (schwarze) Vorderende des Fadens mit der Nadel wird in zwei Schlingen um den Nadelhalter gelegt ...

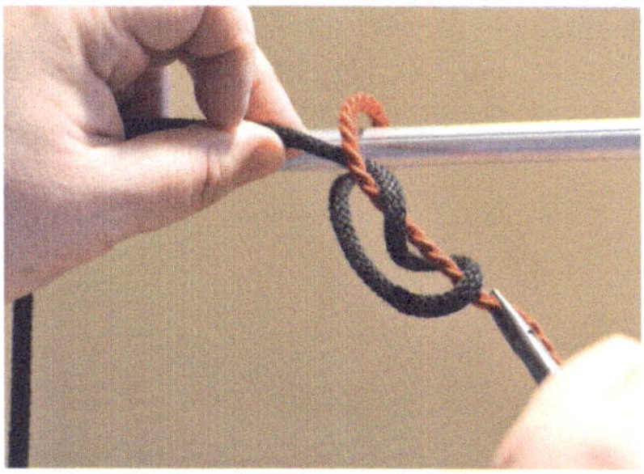

... dann wird das freie (rote) Fadenende mit dem Nadelhalter ergriffen und durch die Doppelschlinge gezogen ...

... der Knoten wird nun behutsam festgezogen.

Um den Knoten abzusichern wird einfacher Gegenknoten geschlagen ...

... und festgezogen.

Abbildung 105: Knüpfen eines chirurgischen Knotens

Die Nadel wird im Abstand von etwa 5 Millimeter vom Wundrand eingestochen und in gleichem Abstand auf der Gegenseite wieder nach außen geführt.

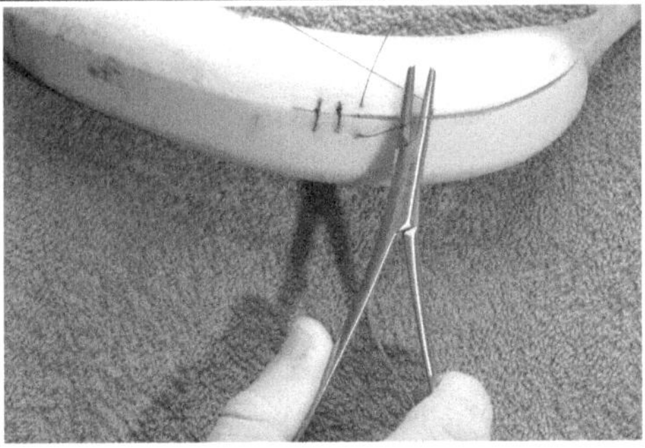

Dann wird ein chirurgischer Knoten geknüpft, um die Wunde zu schließen.

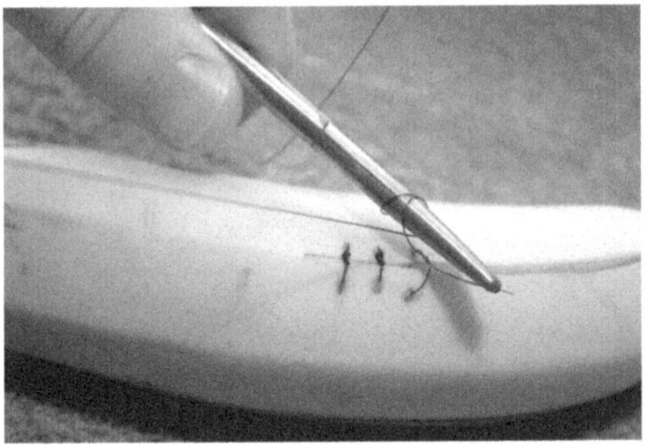

Die Heftung wird mit einem Gegenknoten gesichert. Die überstehenden Fadenenden werden etwa 2 Millimeter lang abgeschnitten, um ein Öffnen des Knotens durch ein Herausrutschen der Fadenenden zu verhindern. Die Einzelheftung wird so oft wiederholt, bis die Wunde auf gesamter Länge sicher verschlossen ist.

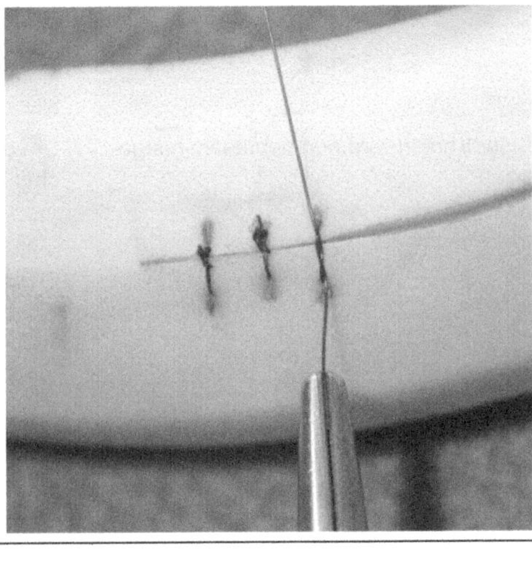

Abbildung 106: Vorgehen bei einer Einzelheftung

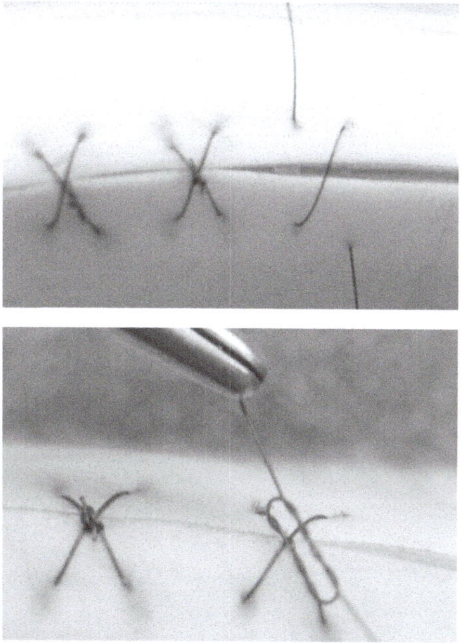

Im Abstand von etwa 5 Millimetern zum Schnitt wird die Nadel subkutan in gerader Linie vom einem zum gegenüber liegenden Wundrand geführt. Für den abschließenden Knoten ist am Einstich ein Fadenüberstand von einigen Zentimetern Länge erforderlich. Der nächste Stich wird diagonal versetzt zum ersten geführt. Nach Durchzug des Fadens ergibt sich so ein Kreuzstich.

Die Diagonalheftung wird dann mit einem chirurgischen Knoten sowie einem Gegenknoten gesichert.

Abbildung 107: Vorgehen bei einer Sultanschen Diagonalheftung

Vorgehen bei einer Sultanschen Diagonalheftung:

Hierbei handelt es sich um einen Kreuzstich, dessen Enden chirurgisch verknotet werden. Diese Art der Heftung hat den Vorteil, dass die Wunde über eine größere Länge mit nur einem Knoten verschlossen wird (Abb. 108).

Abbildung 108: Wundverschluss bei einer besenderten Barbe mittels Sultanscher Diagonalheftung

12 Tötung aquatischer Organismen

Während in der Fischereiwirtschaft die Tötung von Krebsen und Fischen obligater Bestandteil des Herstellungsprozesses von Nahrungsmitteln ist, gilt es bei Tierversuchen grundsätzlich die Unversehrtheit der Tiere zu gewährleisten, d. h. diese so schonend wie möglich zu behandeln und ihnen ein unbeeinträchtigtes Weiterleben zu ermöglichen. Wird eine Tötung unumgänglich, stellt sich bei Neunaugen und Fischen die Frage nach der vom Tierschutzgesetz geforderten Legitimation. Diese erwerben Berufsfischer in Deutschland im Rahmen ihrer Ausbildung. Angler weisen ihre Sachkunde auf der Grundlage einer entsprechenden Unterweisung und Anleitung im Rahmen der so genannten Sportfischerprüfung nach. Alle anderen Personen benötigen eine gesonderte Zertifizierung für die art- und tierschutzgerechte Tötung.

12.1 Tötung von Krebsen

Bis heute wurde keine schnelle, schonende und nachweislich schmerzfreie Methode entwickelt, um einen zehnfüßigen Krebs zu töten. Der Grund besteht einerseits in der Anatomie der Tiere, die anstelle eines zentralen Gehirns lediglich über ein Ober- und ein Unterschlundganglion verfügen (Kap. 4.1). Eine Betäubung durch einen Schlag auf den Kopf ist somit nicht möglich. Wenig effektiv ist auch der Versuch, durch die Panzerung hindurch einen gezielten Stich in das Herz anzubringen, denn der Blutkreislauf von Krebsen ist ohnehin offen. Zudem liegen so gut wie keine gesicherten Erkenntnisse über die Schmerz- und Leidensempfindlichkeit dieser Tiere vor. Vor diesem Hintergrund ist es in Deutschland erlaubt, einen für den Verzehr bestimmten Krebs in kochendes Wasser zu werfen, obgleich sein Todeskampf dabei mehrere Minuten dauern kann.

Muss ein Krebs zu Forschungszwecken lebendfrisch getötet werden, bestehen hierfür zwei Möglichkeiten:

a) Der Krebs wird in einem Wasser-Eis-Gemisch bis zur Immobilität herunter gekühlt und dann in einer Tiefkühltruhe bei –18 °C durch Erfrieren getötet.

b) Der Krebs wird in einem mindestens 10-fach überdosierten Narkosebad getötet. Hierzu wird das Tier in ein kleinvolumiges Becken mit einem Flüssigkeitsstand gesetzt, der der Totallänge des Tieres entspricht. Auf diese Weise ist sichergestellt, dass die Kiemen des Krebses mit der Wirksubstanz benetzt werden, selbst wenn sich der Krebs auf seinen Beinen aufrichtet.

12.2 Tötung von Neunaugen und Fischen

In der Versuchstierkunde nimmt das tierschutzgerechte Töten von Wirbeltieren, also auch von Neunaugen und Fischen einen hohen Stellenwert ein und ist deshalb in Anhang IV der EU-Richtlinie 2010/63 genau beschrieben (EUROPÄISCHES PARLAMENT & RAT DER EUROPÄISCHEN UNION 2011). Grundsätzlich darf eine Tötung nur an vollständig betäubten Tieren vorgenommen werden und es ist sicherzustellen, dass das Tier vor dem Tod das Bewusstsein nicht wiedererlangt. Die Betäubung kann entweder durch die Verabreichung eines Narkotikums, mittels eines stumpfen Schlages auf den Kopf oder durch Elektrizität erzielt werden.

Bei der Tötung durch Strom kommen speziell dafür konstruierte Geräte zum Einsatz, die gemäß den Herstellerangaben zu bedienen sind. Hierbei wird der Fisch zunächst narkotisiert und nach längerer Einwirkdauer tritt der Tod ein.

Wird ein Narkotikum überdosiert, geht die Betäubung in die Asphyxie über, bei der es schließlich zum Herzstillstand und damit zum Tod kommt. Um dies sicherzustellen, ist eine etwa 10-fach erhöhte Normaldosis (Kap. 7) in der Regel ausreichend. Dabei sollten die Tiere noch mindestens 5 Minuten nach Aufhören der Kiemendeckelbewegungen und/oder nach Verlust des vestibulookulären Reflexes im Narkosebad verbleiben. Den raschen Tod führt auch ein direktes Aufbringen von reinem Narkosemittel mittels Pipette oder Spritze auf die Kiemen herbei.

Unter Freilandbedingungen ist ein Hantieren mit den zum Teil giftigen Narkotika unter Einhaltung der einschlägigen Sicherheitsvorschriften oft nicht möglich. Hier empfiehlt sich das Setzen eines gezielten Betäubungsschlages auf den Kopf mit anschließender Tötung durch Herzstich und Kiemenschnitt. Um die Fische für diese Prozedur sicher halten zu können, werden sie mit Hilfe eines Tuches ergriffen.

Abbildung 109: Betäuben des Fisches durch einen Schlag auf den Kopf

- Die Betäubung erfolgt durch einen beherzten kräftigen Schlag mit einem Holzknüppel auf den Kopf am Übergang zum Rumpf (Abb. 109).
- Um den Fisch zu töten, wird sofort danach ein gezielter Stich mit einem spitzen Messer mit dünner, scharfer Klinge in den Herzbeutel ausgeführt. Die Position des Herzens befindet sich ventral hinter den Kiemen (Abb. 110). Bei Plattfischen wird der Stich hinter der Brustflosse angesetzt (Abb. 111).
- Um sicher zu stellen, dass das Tier tot ist, sollte ein abschließender Kehlschnitt durchgeführt werden. Dazu wird mit dem Messer ein tiefer Querschnitt zwischen den Kiemen auf der Kopfunterseite gesetzt (Abb. 112).

Da sich Aale auch längere Zeit nach ihrem Tod noch stark winden, empfiehlt sich bei dieser Art zusätzlich zum Herzstich die Durchtrennung der Wirbelsäule durch einen tiefen Schnitt unmittelbar hinter dem Kopf. In der Fischerei werden speziell zu diesem Zweck entwickelte „Fischtöter" eingesetzt, bei denen es sich um eine Y-förmige Halterung handelt, aus deren Mitte eine scharfe Klinge herabgedrückt wird, um die Wirbelsäule des Aales zu durchtrennen (Abb. 113).

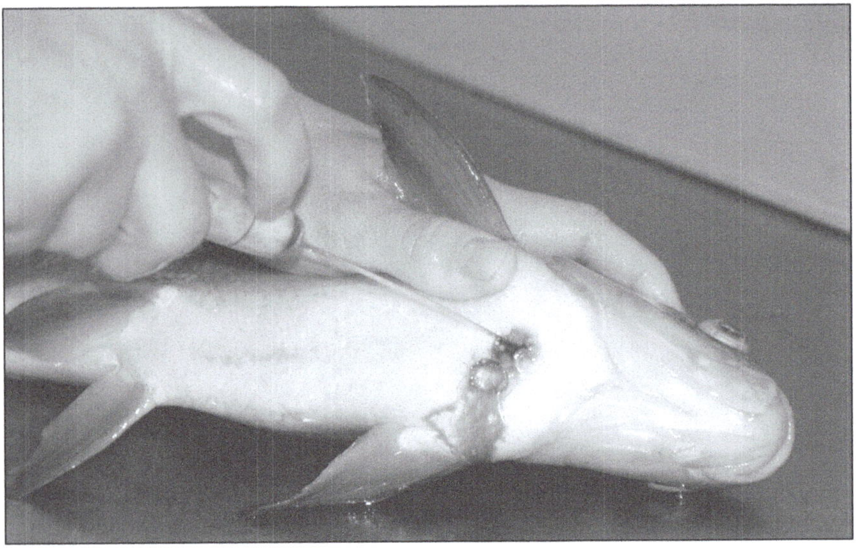

Abbildung 110: Töten eines Fisches durch Herzstich

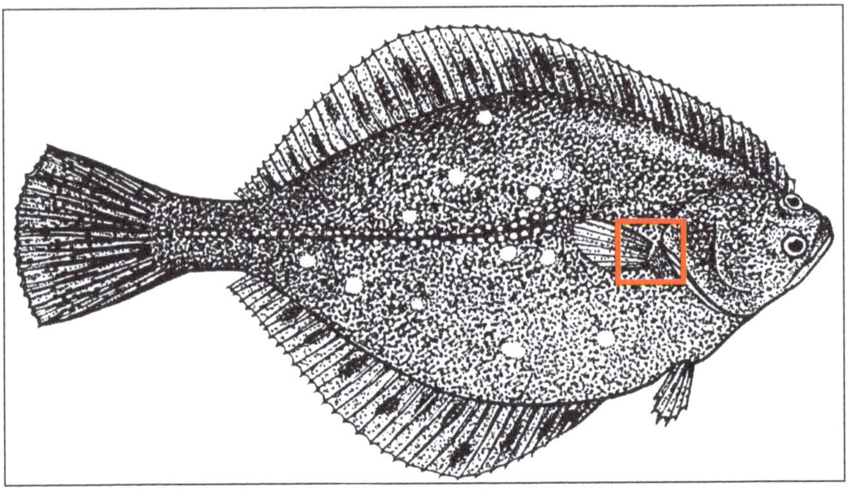

Abbildung 111: Position für den Herzstich bei einer Flunder

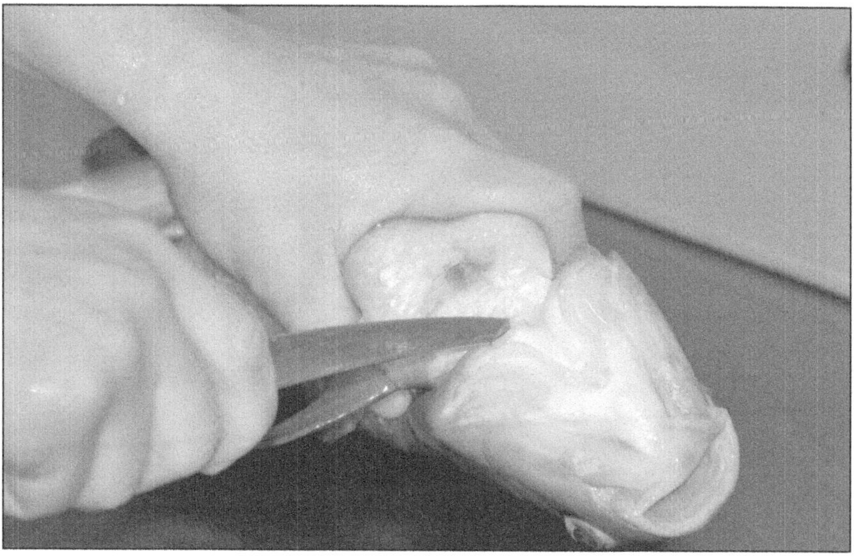

Abbildung 112: Kehlschnitt

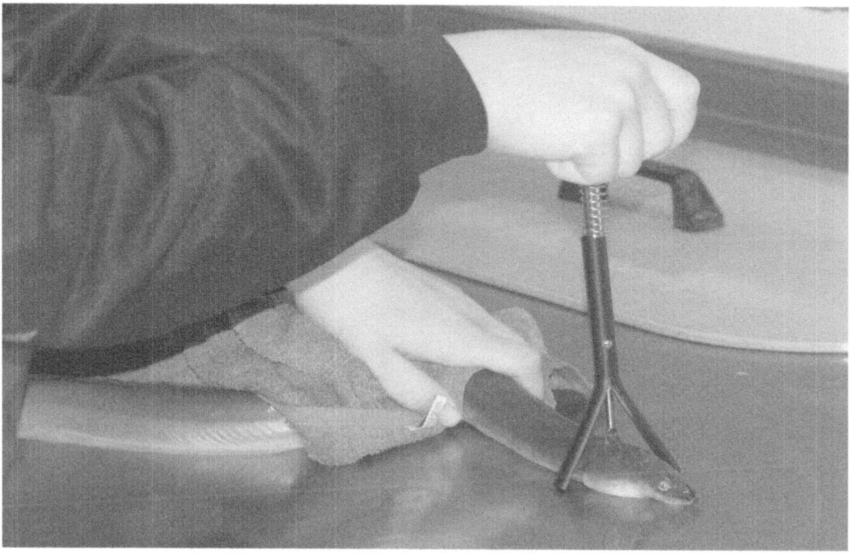

Abbildung 113: Durchtrennung der Wirbelsäule beim Aal mit einem Fischtöter

13 Literatur

ADAM, B. & U. SCHWEVERS (1992): Eine neue Markierungsmethode für Fische – erste Erfahrungen mit Mikro-Transpondern. – Z. Fischkunde 1/2, 163-175.

ADAM, B. & U. SCHWEVERS (1996): Automatische Funktionsüberprüfung von Fischwegen mittels Einsatz der Transponder-Technologie. – Wasserwirtschaft 86, 650 – 652.

ADAM, B. & U. SCHWEVERS (1997): Zur Funktionskontrolle von Fischwegen – Einsatz automatischer Kontrollstationen unter Anwendung der Transponder-Technologie. – DVWK-Schrift 119, Bonn (Wirtschafts- und Verlagsgesellschaft Gas und Wasser mbH), 100 S.

ADAM, B. & U. SCHWEVERS (1999): Untersuchungen zur Auswirkung der Elektrofischerei auf Fischbestände. – Im Auftrag der LÖBF/LafAO Nordrhein-Westfalen, Fischereiliche Dezernate (unveröff.).

ADAM, B. & U. SCHWEVERS (2006): Möglichkeit eines aalschonenden Betriebs von Wasserkraftanlagen mit dem Frühwarnsystem MIGROMAT®. – Wasserwirtschaft 96/5, 16-21.

ADAM, B. & C. LINDEMANN (2010): Verträglichkeit von Markierungsmethoden für Fische. – Tierärztliche Umschau 65/3, 124-130.

ADAM B., O. ENGLER & H. HUFGARD (2011): Fish Behaviour. – In: Development of hydropower converter for very low head differences. – Endbericht des EU-Forschungsprojekts HYLOW (Development of Hydropower Converter for Very Low Head Differences) in Kooperation mit der University of Southampton / Civil Engineering (Koordination), 91 S. (unveröff.).

ADAM, B. & B. LEHMANN (2011): Ethohydraulik: Grundlagen, Methoden, Erkenntnisse. – Heidelberg (Springer-Verlag), 351 S.

ADAM, B., M. FALLER, S. GISCHKAT, H. HUFGARD, S. LÖWENBERG & N. MAST (2012): Ergebnisse nach einem Jahr fischökologischen Monitorings am Doppelschlitzpass Geesthacht. – Wasserwirtschaft 102/4, 49-57.

ADAM, H., H. SCHIRMER & F. WAVIG (1962): Versuche zur Narkose und Relaxation von *Myxine glutinosa* L. (Cyclostomata, Vertebrata). – Zool. Anz. 168, 216-228.

ADELUNG, D. (1971): Untersuchungen zur Häutungsphysiologie decapoder Krebse am Beispiel der Strandkrabbe *Carcinus maenas*. – Helgoland Marine Research 22/1, 66-119.

BAENSCH, H. A. & H. DEBELIUS (2006); Meerwasser Atlas, Band 1 bis 7. – Mergus Verlags GmbH, Melle, 1216 S.

BAGENAL, T. (Hrsg.) (1978): Methods for assessment of fish production in fresh waters. – Oxford (Blackwell), IBP Handbook 3, 3. Auflage, 365 S.

BANKSTAHL, M. (1997): Merkblatt für die praktische Anwendung der Elektrofischerei in Binnengewässern. – Kirchhundem-Albaum (LÖBF-Dezernate für Fischerei), 37 S.

BANKSTAHL, M. (1999): Warum keine Elektrofischerei mit Impulsstrom? – Fischer & Teichwirt 50, 272.

BAUER, C. (2002): Radiotelemetrische Untersuchungen am Zuchtkarpfen, *Cyprinus carpio carpio morpha domestica*, während der Winterung unter Berücksichtigung der Bewegungsaktivität der besenderten Karpfen, der biotelemetrischen Methode sowie deren Auswirkungen auf die Versuchsfische. – Dissertation, Universität Wien, 156 S.

BAUER, F. (2009): Untersuchungen zur Abwanderung von Lachssmolts im Flussgebiet des Rheins mit Hilfe der Telemetrie. – Bachelorarbeit, Institut für Zoologie der Mathematischen-Naturwissenschaftlichen Fakultät der Universität Köln, 69 S.

BAUR, W. H., G. BRÄUER & J. RAPP (2010): Nutzfische und Krebse: Lebensraum, Erkrankungen und Therapie. – Parey bei MVS, 3. überarbeitete Auflage, 210 S.

BEHLERT, O. (1989): Die Markierung von Zoo- und Haustieren mit dem elektronischen Markierungsverfahren EURO I. D. – Kleintierpraxis 34, 477-479.

BEHRMANN-GODEL, J. (2000): Telemetrische Untersuchung der herbstlichen Wanderung der Blankaale *(Anguilla anguilla* L.) in der Staustufe Trier. – Konstanz (Universität, Limnologisches Institut), im Auftrag der Aalschutzinitiative Rheinland-Pfalz / RWE Energie AG, 29 S.

BfV (o. J.): Richtlinie Tierschutz 4.03: Fang, Immobilisation und Markierung freilebender Wildtiere für wissenschaftliche Untersuchungen und Bestandserhebungen. – Bundesamt für Veterinärwesen & Bundesamt für Umwelt, Wald und Landschaft der Schweiz, 20 S.

BMELV (Bundesministerium für Ernährung. Landwirtschaft und Verbraucherschutz) (2012): Versuchstierzahlen 2011. – http://www.bmelv.de/SharedDocs/ Downloads/ Landwirtschaft/ Tier/ Tierschutz/2011-TierversuchszahlenGesamt. html; 13. November 2012.

BONATH, K. (1977): Narkose der Reptilien, Amphibien und Fische. – Hamburg (Verlag Paul Parey), 159 S.

BONE, Q. & N. B. MARSHALL (1985): Biologie der Fische. – Stuttgart (Gustav Fischer Verlag), 236 S.

BRAND, M., D. BEUCHLE, F. ENDRES, P. HAFFTER, M. HAMMERSCHMIDT, M. MULLINS, M. SCHULTE-MERKER, S. C. NÜSSLEIN-VOLLHARD, R. LÜCK, K. JÜRGEN & S. SCHWARZ (1995): Keeping and raising zebra fish (*Danio rerio*) in Tübingen. – The Zebrafish Science Monitor 3 (5).

BRAUNBECK, T., W. HANKE & H. SEGNER (Hrsg.) (1993): Fish Ecotoxicology and Ecophysiology. – Proceedings of an International Symposium September 1991 in Heidelberg, Verlagsgesellschaft mbH, Weinheim.

BREUKELAAR, A. W., A. BIJ DE VAATE & K. T. W. FOCKENS (1998): Inland migration study of sea trout *(Salmo trutta)* into the rivers Rhine and Meuse (the Netherlands), based on inductive coupling radio telemetry. – Hydrobiologia 371/372, 29-33.

BRUIJS, M. C. M., H. V. WINTER, U. SCHWEVERS, U. DUMONT et al. (2003): Management of silver eel: Human impact on downstream migrating eel in the river Meuse. – KEMA-Report 50180283-KPS/MEC 03-6183, Abschlußbericht des EU-Forschungsprojekts Q5RS-2000-31141, 105 S.

CARLIN, B. (1969): The migration of salmon. – Swedish Salmon Research Institute Report 4/1969, 14-21.

CCAC (Canadian Council on Animal Care) (2005): Guidelines on the care and use of fish in research, teaching and testing. – Ottawa, 87 S.

DIN 38415-6 (2001): Deutsche Einheitsverfahren zur Wasser-, Abwasser- und Schlammuntersuchung – Suborganismische Testverfahren (Gruppe T) – Teil 6: Giftigkeit gegenüber Fischen; Bestimmung der nicht akut giftigen Wirkung von Abwasser auf die Entwicklung von Fischeiern über Verdünnungsstufen.

EFSA (2005): Opinion of the Scientific Panel on Animal Health and Welfare on a request from the Commission related to “Aspects of the biology and welfare of animals used for experimental and other scientific purposes”. – EFSA-Q-2004-105; EFSA Journal 292, 1-46.

EUROPÄISCHES PARLAMENT & RAT DER EUROPÄISCHEN UNION (2010): Richtlinie zum Schutz der für wissenschaftliche Zwecke verwendeten Tiere. – 2010/63/EU vom 22. 10. 2010, Amtsblatt der Europäischen Union, L 276, 33-79.

FischSeuchV (Fischseuchenverordnung) (2008): Gesundheits- und Hygienevorschriften für Tiere in Aquakultur und Aquakulturerzeugnisse und zur Verhütung und Bekämpfung bestimmter Wassertierkrankheiten – Rat der Europäischen Gemeinschaft, Richtlinie 2006/88/EG vom 24. November 2008.

FÖERLIN, L., P. LEMAIRE & D. R. LIVINGSTON (1995): Comparative studies of hepatic xenobiotic metabolizing and antioxidant enzymes in different fish species. – Marine Environmental Research 39, 201-204.

FREDRICH, F (2010): Telemetrie – eine exzellente Methode zur Untersuchung von Fischverhalten mit Beispielen zur Störwanderung in Oder und Elbe. – Vortrag auf der 43. Fachtagung der Arbeitsgemeinschaft für Fischarten- und Gewässerschutz in Norddeutschland, Wildeshausen.

FREDRICH, F. & H. H. ARZBACH (2002): Wanderungen und Uferstrukturnutzung der Quappe, *Lota lota* in der Elbe, Deutschland. – Z. Fischk. Suppl. 1, 159-178.

FREYHOF J. (2010): Rote Liste der im Süßwasser reproduzierenden Neuaugen und Fische (Cyclostomata & Pisces). – In: Bundesamt für Naturschutz (Hrsg.): Rote Liste gefährdeter Tiere, Pflanzen und Pilze Deutschlands, 289-316.

GOLLMANN, H. P., E. KAINZ & O. FUCHS (1986): Zur Markierung von Fischen unter besonderer Berücksichtigung der Anwendung von Farbstoffen und Pigmenten, insbesondere von Alcianblau 8 GS. – Österr. Fischerei 39, 340-345.

GOUGH, P., P. PHILIPSEN, P. P. SCHOLLEMA & H. WANNINGEN (2012): From sea to source; International guidance for the restoration of fish migration highways. – Regional Water Authority Hunze en Aa´s, 299 S.

GROSCH, U., H. E. BUCHIN & E. KRÖZUS (1977): Erfahrungen mit der Markierung von Welsen. – Arbeiten Dt. Fischereiverband 22, 123-128.

GUNKEL, G. (1994): Bioindikation in aquatischen Ökosystemen. – Jena (Gustav Fischer Verlag), 540 S.

GV-SOLAS (Gesellschaft für Versuchstierkunde) (2009): Hygiene-Überwachung von Maus- und Rattenbeständen bei verschiedenen Haltungsformen. – Ausschuß für Hygiene, 9 S.

HALSBAND, E. & I. HALSBAND (1975): Einführung in die Elektrofischerei. – Schriften Bundesforschungsanstalt für Fischerei 7, 2. Auflage, 265 S.

HANSEN, L. P. (1988): Effects of carlin tagging and fin clipping on survival of Atlantic salmon (*Salmo salar* L.) released as Smolts. – Aquaculture 70, 391-394.

HARO, A. (2003): Downstream migration of silver-phase anguillid eels. – In: Aida, K. et al. (Hrsg.): Eel Biology, Tokyo (Springer Verlag), 215-222.

HARPER C. & C. LAWRENCE (1972): The Laboratory Zebrafish. – Boca Raton (CRC Press), 254 S.

HARRER, D. (2011): Rechtliche und praktische Anforderungen beim Transport von Fischen. – Fischer & Teichwirt 62, 135-137.

HEISEY, P. G., D. MATHUR & L. d'ALLESANDRO (1993): A new technique for assessing fish passage survival at hydro power stations. – Can. Tec. Rep. Fish. Aquat. Sci. 1905, 32-38.

HOLCIK, J. (Hrsg.) (1986): The Freshwater Fishes of Europe, Bd. 1/I: Petromyzontiformes. – Wiesbaden (Aula-Verlag), 313 S.

JEPSEN, N., A. KOED, E. B. THORSTADT & E. BARAS (2002): Surgical implantation of telemetry transmitters in fish: how much have we learned? – Hydrobiologica, 483 (1 – 3), 239-248.

KENT, M. L., J. M. SPITZBERGEN, J. M. MATTHEWS, J. W. FOURNIE, K. N. MURRAY & M. WESTERFIELD (2012): Diseases of Zebrafish in Research Facilities. – http://zebrafish.org/zirc/health/diseaseManual.php/ vom 24. April 2012.

KLAUSEWITZ, W. (1989): Über Schmerzempfinden und Leidensfähigkeit von Fischen. – Fischökologie 1/1, 65-90.

KÖLLE, P & J. HENKE (2004): Amphibien – In: Erhardt, W. et al. (Hrsg.): Anästhesie & Analgesie beim Klein- und Heimtier sowie bei Vögeln, Reptilien, Amphibien und Fischen. – Stuttgart (Schattauer Verlag für Medizin und Naturwissenschaften).

KRAUS, G., D. HARRER & H. WEDEKIND (2013): Praktische und rechtliche Aspekte beim Fischtransport. – Bayerische Landesanstalt für Landwirtschaft (LfL), 34 S.

LACROIX G. L., D. KNOX & P. McCURDY (2004): Effects of implanted dummy acoustic transmitters on juvenile Atlantic Salmon smolts. – Trans. Am. Fish. Soc. 133, 211-220.

LEWBART, G. A. (Hrsg.) (2011): Invertebrate Medicine. – Weinheim (Wiley-VCH Verlag GmbH & Co. KG), 504 S.

LUCAS, M. C. & E. BARAS (2001): Migration of freshwater fishes. – Oxford (Blackwell Science), 420 S.

MARMULLA, G. (1996): Einsatz der Radiotelemetrie im Rahmen des Lachsprogramms. – SchrR. LÖBF/LafAO 11, 181-183.

McFARLAND, W. N. & G. W. KLONTZ (1969): Anesthesia in fishes. – Fed. Proc. 28, 1535-1540.

McKIM, J. M. (1985): Early life stage toxicity tests. – In: Rand, G. M. & R. T. Petrocely (Hrsg.): Fundamentals of Aquatic Toxicology, Washington/USA (Hemisphere Pub. Corp.), 58-95.

MEINELT, T., R. WEISS, H.-D. DREISCHER & F. PETERS (2005): Anwendung des Fischeitests bei Kraftwerksabwässern. – VGB Power Tech 3/2005.

MEYER, L. & G. R. PELZ (1998): Radiotelemetrische Untersuchungen an Äschen *Thymallus thymallus* (L.) in der Ilmenau (Niedersachsen). – Fischökologie 11, 21-34.

NEIFFER, D. L. & M. A. STAMPER (2009): Fish Sedation, Anesthesia, Analgesia, and Euthanasia: Considerations, Methods, and Types of Drugs. – ILAR Journal 50/4, 343-360.

OCHEL, C., M. BANKSTAHL, W. KÖRTING & J. LEHMANN (1998): Untersuchungen zu möglichen Schädigungen der Fische durch die Elektrofischerei. – Fischer & Teichwirt 49, 308-310.

OECD (Organization for Economic Co-operation and Development) (1992): Guidelines for the Testing of Chemicals, Section 2: Effects on Biotic Systems, Test No 210 Fish, Early Life Stage Toxitiy Test. – OECDiLibrarum, Do: 10.1787 / 9789264070103-en, 18 S.

OECD (Organization for Economic Co-operation and Development) (2012): Richtlinien zum Test von Chemikalien. – www.oecd.org/env/chemicalsafetyand biosafety/testingofchemicals/seriesontestingandassessmentecotoxicitytesting. htm; 22. Dezember 2012.

OLIVEIRA, E. de & F. PRESSIAT (2011): Evaluation in situ des mortalités dans des turbine de grand taille. – Paris (ONEMA): Programme R&D anguilles et ouvrages, séminaire de restitution, 28–29 novembre 2011.

PUND, R (2012): Betäubungsmaßnahmen und Blutentnahmetechniken bei Fischen. – http://www.gv-solas.de/assets/files/PDFs/pdf_PUBLIKATION/betaeu bung-fisch_pund.pdf.

RAPP, J. (2000): Praktische Hinweise und Empfehlungen zum tierschutzgerechten Transport lebender Süßwasserfische (ausgenommen Zierfische). – Aulendorf (Fischgesundheitsdienst Baden-Württemberg), 15 S.

REED B. & M. JENNINGS (2011): Guidance on the housing and care of zebrafish. – Southwater, Horsham, Research Animals Department, Science Group, RSPCA, 62 S.

ROSS, L. G. & B. ROSS (1999): Anaesthetic and sedative techniques for aquatic animals. – Oxford (Blackwell Science), 159 S.

ROSE, J. D. (2002): The Neurobehavioural Nature of Fishes and the Question of Awareness and Pain. – Rev. in Fishes Sciences, 10/1, 1-38.

ROSE, J. D., R. ARLINGHAUS, S. J. COOKE, B. K. DIGGLES, W. SAWYNOK, E. D. STEVENS & C. D. L. WYNNE (2012): Can fish really feel pain? – Fish and Fisheries 14/1, 1-37.

RÜMMLER, F., K. SCHRECKENBACH & M. PFEIFER (1998): Auswirkungen der Elektrofischerei auf Fische. – Fischer & Teichwirt 49, 88-92.

RÜMMLER, F., U. GÖTHLING, S. ZAHN & S. SCHIEWE (o. J.): Untersuchungen zu den Auswirkungen des Elektrofischfangs auf wirbellose Tiere. – Institut für Binnenfischerei e. V. Potsdam-Sacrow, unveröffentlicht, 8 S.

SCHÄPERCLAUS, W., H. KULOW & K. SCHRECKENBACH (1990): Fischkrankheiten. – Berlin (Akademie-Verlag) 5. Auflage, 2 Bände, zus. 1123 S.

SCHEURING, L. (1949): Fischmarkierungen, ihre Methoden, ihre Möglichkeiten und ihr Zweck. – Österr. Fischerei 2, 165-173.

SCHRECKENBACH K. (o. J.): Gesundheit und Hygiene: Basis für Wachstum. – unveröffentlichtes Manuskript, 25 S. (k.schreckenbach@alice-dsl.de).

SIMON, J. & U. BRÄMICK (2006): Empfehlungen zum Besatz von Seen und Fließgewässern mit Aalen. – Institut für Binnenfischerei e.V. Potsdam-Sacrow, Merkblatt für Verwaltung und Praxis Nr. 1/2006, 4 S.

SPANGENBERG R. & K. SCHRECKENBACH (1984): Die Ursache der Dreherkrankheit des Karpfens *(Cyprinus carpio)*. – Fortschr. Fisch. Wiss. 3, 23-46.

SPEDICATO, M. T., G. LEMBO & G. MARMULLA (HRSG.) (2005): Aquatic telemetry – advances and applications. – Rom (FAO & COISPA), Proceedings 5th conference on fish telemetry held in Europe, Ustica, Italia, 9./13. Juni 2003, 295 S.

STERBA, G. (1952): Die Neunaugen. – Leipzig (Akademische Verlagsgesellschaft Geest & Portig), Neue Brehm-Bücherei 79, 40 S.

STORCH, V. & U. WELSCH (2009): Kükenthal´s Zoologisches Praktikum. – Heidelberg (Spektrum Akademischer Verlag), 532 S.

StVZO (2012): Straßenverkehrszulassungsverordnung.- Bundesgesetzblatt Teil I Nr. 50, 2232ff.

SUBRA, S, P. GOMES, S. VIGHETTI, P. THELLIER, M. LARINIER & F. TRAVADE (2007): Etude de dispositifs de dévalaison pour l´anguille argentée: Expérimentation de dispositifs de dévalaison pour l´anguille argenteé sur les ouvrages de Casteltarbe et Baigts. – Chatou Cedex (EdF – Energie de France), 177 S.

TRUSHENSKI, J. T., J. D. BOWKER, B. R. GAUSE & B. L. MULLIGAN (2012): Chemical and electrical approaches to sedation of hybrid Striped bass; Intro duction, Recovery and physiological responses to sedation. – Trans. Am. Fish. Soc. 141, 455-467.

THORSTEINSSON, V. (2002): Tagging Methods for Stock Assessment and Research in Fisheries. – Report of Concert Action FAIR CT.96.1394 (CATAG), Reykjavik, Marine Research Institute Technical Report (79), S. 179; http://www.hafro.is/catag.

TierSchG (2010): Tierschutzgesetz. – In der Fassung der Bekanntmachung vom 18. Mai 2006 (BGBl. I S. 1206, 1313), zuletzt geändert am 09. Dezember 2010 (BGBl. I, 1934ff).

TierSchTrV (2009): Verordnung zum Schutz von Tieren beim Transport und zur Durchführung der Verordnung (Tierschutztransportverordnung). – Rat der Europäischen Gemeinschaft, Nr. 1/2005 vom 11. Februar 2009.

TierSchVwV (2000): Allgemeine Verwaltungsvorschrift zur Durchführung des Tierschutzgesetzes vom 9.2.2000. – BAnz. Nr. 36a vom 22. Februar 2000.

TVT (Tierärztliche Vereinigung für Tierschutz e.V.) (2009): Empfehlungen für die Haltung, den Transport und das tierschutzgerechte Töten von Versuchsfischen. – Arbeitskreis 4 „Tierversuche“, 16 S.

VOIPIO H.-M., P. BANEUX, I. A. GOMEZ de SEGURA, J. HAU & S. WOLFENSOHN (o. J.): Guidelines for the veterinary care of laboratory animals. – Report of the FELASA/ECLAM/ESLAV Joint Working Group on Veterinary Care, 18 S.

WESTERFIELD, M (Hrsg.) (2007): The Zebrafish Book: A Guide for the Laboratory Use of zebrafish *Danio (Brachydanio) rerio*. – Inst. of Neuro Science; 5th Edition.

WESTERNHAGEN von, H. (1988): Sublethal effects of pollutants on fish eggs and larvae. – In: Hoar, W. S. & D. J. Randall (Hrsg.) Fish Physiology Vol.11: The physiology of developing fish, Part A, Eggs and Larvae. – San Diego (Academic Press), 253-346.

WIEGAND, C., S. PFLUGMACHER, A. OBEREMM, N. MEEMS, A. K. BEATTIE, C. E. W. STEINBERG & G. A. COOD (1999): Uptake and effects of microcystin-LR on detoxification enzymes of early life stages of the zebra fish (*Danio rerio*). – Environ. Toxicol. 14/1, 89-95.

14 Glossar

algizid	die Entwicklung von Algen verhindernd.
anadrom	Der Entwicklungszyklus von Neunaugen- und Fischarten, die zwischen ihren Reproduktionsgebieten im Binnenland und Aufwuchshabitaten im Meer wandern, wird als anadrom bezeichnet.
Antikoagulans	Substanz, die die Gerinnung von Blut verhindert.
Anästhesie	synonym zu Narkose, Zustand der Empfindungslosigkeit eines Tieres.
Asphyxie	Herz-Kreislauf-Versagen oder Atemlähmung z. B. infolge einer Narkose, die den Tod eines Versuchstieres zur Folge hat.
diadrom	Lebenszyklus von Arten, die zwischen marinen Lebensräumen im Meer und süßwassergeprägten Lebensräumen im Binnenland wechseln.
dorsal	auf dem Rücken.
Ciliat	Aus nur einer Zelle bestehender aquatisch lebender Organismus mit echtem Zellkern. Mehr oder weniger zahlreich aus dem Zellkörper austretende Plasmafäden dienen der Fortbewegung und zum Heranstrudeln von Nahrungspartikeln.
Cypriniden	Fischarten aus der Familie der Karpfenartigen, z. B. Karpfen und Rapfen.
Ethogramm	Repertoire aller Verhaltensweisen, die einer Art zueigen sind.
Exuvie	abgelegte Tierhaut nach der Häutung, hier Panzer eines Krebses.
gastrointestinal	in den Verdauungsorganen, d. h. im Magen-Darmtrakt.
Hämolymphe	Farblose Körperflüssigkeit der Krebse, die eine vergleichbare Funktion wie das durch die roten Blutkörperchen (Erythrocyten) gefärbte Blut der Fische übernimmt.
katadrom	Der Entwicklungszyklus von Krebs- und Fischarten, die zwischen ihren Reproduktionsgebieten im Meer und Aufwuchshabitaten im Süßwasser wandern, wird als katadrom bezeichnet.
kolorimetrischer Test	Durch Zusatz eines Indikators erzeugte Einfärbung einer zu testenden Wasserprobe. Die Farbe entspricht dem Gehalt eines Inhaltsstoffes.
lateral	seitlich, an der Flanke eines Fisches.

Milchner	Männlicher Fisch, dessen Sperma aufgrund seiner Farbe in der Fischerei als „Milch“ bezeichnet wird.
Narkose	Zustand der Empfindungslosigkeit durch Dämpfung des zentralen Nervensystems.
Nauplius	Erstes planktisch lebendes Larvenstadium der Krebse, das eine besondere Bedeutung für die Ernährung von Jung- und Kleinfischarten hat.
oesophagial	durch die Speiseröhre (Oesophagus).
Prädator	Tier, das sich räuberisch von anderen Tieren ernährt.
Rogner	Weiblicher Fisch, dessen Eier in der Fischerei als „Rogen“ bezeichnet werden.
Salmoniden	Fischarten aus der Familie der Lachsartigen; z. B. Atlantischer Lachs und Forelle.
Sedierung	Dämpfung von Funktionen des zentralen Nervensystems.
Totallänge	Länge eines Fisches von seiner Schnauzenspitze bis zum längsten Ende seiner Schwanzflosse.
ventral	an der Bauchseite.
vestibulookulärer Reflex	Bei einer Drehung des Fisches um seine Achse bewegen sich die Augen in die entgegen gesetzte Richtung, um die visuelle Wahrnehmung zu stabilisieren.

15 Wissenschaftliche Artnamen

Krebse	wissenschaftlicher Name
Flusskrebs, Edelkrebs	*Astacus astacus*
Amerikanischer Flusskrebs	*Orconectes limosus*
Hummer	*Homarus spec.*
Languste	*Palinurus spec.*
Signalkrebs	*Pacifastacus leniusculus*
Strandkrabbe	*Carcinus maenas*
Wollhandkrabbe	*Eriocheir sinensis*
Neunaugen	
Flussneunauge	*Lampetra fluviatilis*
Meerneunauge	*Petromyzon marinus*
Fische	
Amerikanischer Aal	*Anguilla rostrata*
Europäischer Aal	*Anguilla anguilla*
Longfin Aal	*Anguilla dieffenbachii*
Aland	*Leuciscus idus*
Bachforelle	*Salmo trutta f. fario*
Barbe	*Barbus barbus*
Brachsen, Blei	*Abramis brama*
Dickköpfige Elritze	*Pimephales promelas*
Döbel	*Leuciscus cephalus*
Forelle	*Salmo trutta*
Flunder	*Plathychtis flesus*

Flussbarsch	*Perca fluviatilis*
Goldorfe	*Leuciscus idus auratus*
Güster	*Blicca bjoerkna*
Hecht	*Esox lucius*
Karpfen	*Cyprinus carpio*
Kiemensackwels	*Bathyclarias spec.*
Atlantischer Lachs	*Salmo salar*
Meerforelle	*Salmo trutta f. trutta*
Nilbarsch	*Lates niloticus*
Orfe	*Leuciscus idus*
Plötze	*Rutilus rutilus*
Quappe	*Lota lota*
Rapfen	*Aspius aspius*
Regenbogenforelle	*Oncorhynchus mykiss*
Schleie	*Tinca tinca*
Ostseeschnäpel, Schnäpel	*Coregonus marenus*
Atlantischer Stör	*Acipenser oxyrhinchus*
Europäischer Stör	*Acipenser sturio*
Tilapia	*Oreochromis sp.*
Wels	*Silurus glanis*
Zander	*Sander lucioperca*
Zebrabärbling	*Danio rerio*

16 Abbildungsnachweis

Institut für angewandte Ökologie	1, 2, 3, 4, 7, 8, 10, 11, 14, 15, 20, 21, 22, 23, 24, 25, 26, 27, 31, 32, 33, 38, 40, 41, 42, 43, 44, 45, 46, 50, 52, 53, 54, 55, 57, 58, 59, 62, 63, 65, 76, 77, 78, 79, 80, 81, 85, 86, 90, 94 (links oben), 109, 110, 112,113
Adam, B.	5, 6, 9, 12, 13, 16, 17, 18, 19, 39, 47, 51, 56, 66, 75, 88, 92, 95, 105, 111
KIT, Institut für Toxikologie und Genetik	28
AGK Kronawitter GmbH	29, 30
Schreckenbach, K.	34, 36
Thonhofer, J. Institut für angewandte Ökologie	35
Sullivan, L.	37
Blue Leaf Environmental Inc.	89, 93, 100
Lotek Wireless Inc.	94 (links unten)
HTI-Sonar	94 (rechts)
Simon, J., Institut für Binnenfischerei Potsdam-Sacrow	60
Northwest Marine Technology Inc.	61
http://www.gmri.org	63
http://www.fishinginireland.info	64
S. Gischkat & V. Burmester Institut für angewandte Ökologie	67, 68, 69, 70, 82, 83, 84, 102, 103, 104, 106, 107, 108
http://www.fishmarking.com	71
http://www.hafro.is	72
http://www.fishsciences.net	73
Feldhaus, G., LANUV NRW, FB 26	74

Haro, A.,USGS Conte Anadromous Fish Res. Lab.	91
Blakley, A., LGL Ltd.	94, 96, 98, 99, 101
Fredrich, F., http://www.wanderfische.de	97

The manufacturer's authorised representative in the EU is Springer Nature Customer Service Centre GmbH, Europaplatz 3, 69115 Heidelberg, Germany. If you have any concerns regarding our products, please contact ProductSafety@springernature.com

Printed and bound by CPI Group (UK) Ltd, Croydon, CR0 4YY
19/08/2026
02200177-0001